ɔtes Heft 204

Tragbare Leitern

von

Dipl.-Ing. (FH) Thomas Zawadke

Mitglied im Ausschuss NA 031-04-09 AA
»Sonstige Ausrüstung«
des Normenausschusses Feuerwehrwesen
sowie Mitglied in den Arbeitskreisen »Tragbare Leitern«,
»Multifunktionsleitern« und »Rettungsplattform«

3., erweiterte und überarbeitete Auflage

Verlag W. Kohlhammer

Wichtiger Hinweis
Der Verfasser hat größte Mühe darauf verwendet, dass die Angaben und Anweisungen dem jeweiligen Wissensstand bei Fertigstellung des Werkes entsprechen. Weil sich jedoch die technische Entwicklung sowie Normen und Vorschriften ständig im Fluss befinden, sind Fehler nicht vollständig auszuschließen. Daher übernehmen der Autor und der Verlag für die im Buch enthaltenen Angaben und Anweisungen keine Gewähr.
Die Abbildungen stammen – soweit nicht anders angegeben – vom Autor.

3., erweiterte und überarbeitete Auflage 2026

Gesamtherstellung:
W. Kohlhammer GmbH, Heßbrühlstr. 69, 70565 Stuttgart
produktsicherheit@kohlhammer.de

Print:
ISBN 978-3-17-044465-2

E-Book-Formate:
pdf: ISBN 978-3-17-044467-6
epub: ISBN 978-3-17-044468-3

Inhaltsverzeichnis

Vorbemerkung

Die erste Auflage erschien 2005 und seit Erscheinung der zweiten Auflage (2016) dieses Roten Heftes sind wieder zehn Jahre vergangen. Die Feuerwehr-Dienstvorschrift (FwDV) 10 »Die tragbaren Leitern« wurde angepasst bzw. ergänzt und mit Stand November 2019 neu herausgegeben. Außerdem haben sich neue Erkenntnisse im Bereich der tragbaren Leitern ergeben und machen somit eine Überarbeitung erforderlich.

Ein umfangreiches Thema ist die Lagerung der Leitern und Plattformen auf den Fahrzeugen. Diese hat einen zunehmend großen Einfluss auf Arbeitsabläufe, Ergonomie und Sicherheit und soll daher noch ausführlicher betrachtet werden, auch um Tipps und Hinweise aus der Praxis für die Beschaffung von neuen Fahrzeugen zu geben. In der vorliegenden 3. Auflage wurden neue Beispiele und Bilder aufgenommen, um den Umgang mit diesem wichtigen Gerät der Feuerwehr anschaulicher und praxisnäher darzustellen.

Zudem gibt es online unter https://dl.kohlhammer.de/978-3-17-0444-65-2 ein zusätzliches Kapitel zur Leitertechnik bei Feuerwehren in anderen Ländern, da deren ausgeführte Technik sowie Details zum sicheren und ergonomischen Umgang anders interpretiert werden. Die taktische Vorgehensweise wird aufgrund anderer gesetzlicher Vorgaben und abweichenden Gebäudestrukturen anders betrachtet. Da europäische Vorgaben in Bezug auf Bauweise und Baustoffe zum Teil auch in Deutschland Anwendung finden, erscheint es sinnvoll, bewährte Leitertechnik aus anderen Ländern zu betrachten, um deren Vorgehen und Lösungsansatz zu verstehen. Insbesondere der Fokus auf ergonomisches und schnelles Vorgehen bei der Personenrettung soll vertiefend betrachtet werden.

Bedanken möchte ich mich bei allen, die mit ihren Erfahrungen aus Übungen und Einsätzen zur Aktualisierung und Erweiterung der vorliegenden Ausgabe beigetragen haben. Selbst eine so scheinbar »einfache« Technik wie die einer Leiter lässt sich verbessern und der Umgang und die Sicherheit damit optimieren.

Auch Bildungsunterlagen sollten kontinuierlich auf den Prüfstand gestellt werden. Daher bin ich für weitere Ergänzungen, Erfahrungen oder Hinweise sehr dankbar und werde diese gerne in Folgeauflagen einarbeiten oder durch Beiträge in Fachzeitschriften besprechen.

Ich wünsche Ihnen viele neue Erkenntnisse bei der Lektüre.

Thomas Zawadke
Neu-Ulm, im März 2026

Zum Umgang mit diesem Roten Heft

Der grundsätzliche Gebrauch und sicherheitsrelevante Hinweise im Umgang mit tragbaren Leitern (nachfolgend als Leitern bezeichnet) sind weitestgehend (jetzt auch mit Ergänzung zur Multifunktionsleiter) in der Feuerwehr-Dienstvorschrift 10 »Die tragbaren Leitern« geregelt. Da im Umgang speziell mit der Multifunktionsleiter teils eine andere Vorgehensweise aufgenommen wurde, die wiederum mit dem seit vielen Jahren vorgeschlagenen Umgang damit missverstanden werden kann oder sogar als unpraktisch angesehen wird, wird in dieser Auflage der Versuch unternommen, dies im Sinne der Sicherheit zu relativieren, ohne zu widersprechen, denn eine FwDV ist, wie die Bezeichnung ja schon sagt, eben eine Vorschrift. Es wird im Vorwort aber auch Folgendes formuliert: »Der Einheitsführer einer taktischen Einheit kann von den Regelungen dieser Feuerwehr-Dienstvorschrift abweichen, wenn dies zur Sicherstellung des Einsatzerfolges erforderlich ist.« Um in diesen Fällen mehr Sicherheit zu bieten, werden Beispiele gezeigt, wie z. B. bei eingeschränkter Personalverfügbarkeit vorgegangen werden kann.

Ein Hinweis zur Multifunktionsleiter in diesem Zusammenhang: Ursprünglich wurde es nicht als erforderlich angesehen die FwDV 10 in Bezug auf die Multifunktionsleiter zu überarbeiten, da ausreichende Literatur und Bedienungsanleitungen der Hersteller vorhanden sind. Dass die Multifunktionsleiter nun auch Einzug in die FwDV 10 gefunden hat, ist begrüßenswert und zeigt, dass sie als Ergänzung der Feuerwehr-Leitern-Familie akzeptiert wird.

Es sei ausdrücklich darauf hingewiesen, dass bereits bei der Entwicklung und Einführung dieses Leitern-Typs nicht der Anspruch bestand, eine Feuerwehrleiter wie z. B. die Steckleiter damit zu ersetzen. Sie wurde ursprünglich, vorrangig als »Arbeitsleiter«, für spezielle Anwendungen für Rüstwagen und Gerätewagen konzipiert, da die vorhandenen Mehrzweckleitern aus dem Haushalts- und Baubereich den erhöhten Anforderungen im Feuerwehr- und Rettungsdienst nicht entsprochen haben und die Steckleiter in manchen Situationen, speziell bei der technischen Rettung, Defizite aufweist. Aus diesem Grund wird nachfolgend nochmals auf den Unterschied zwischen tragbaren Leitern nach DIN EN 131 und DIN EN 1147 eingegangen, um auch die Gefahren bei der Verwendung von »Nicht Feuerwehr-Leitern« oder der missbräuchlichen oder besser »artfremden« Verwendung im Einsatzdienst hinzuweisen.

Wie in den vorhergehenden Ausgaben, soll dieses Rote Heft eine Anregung zur Gestaltung von Übungen und dem schnellen Nachschlagen bei Einsätzen sein, wenn die Leitern einmal nicht als Zugangs- oder als zweiter Rettungsweg, sondern z. B. als Hilfsmittel zur Technischen Hilfeleistung eingesetzt werden sollen. Speziell die Steckleiter und die Multifunktionsleiter erlauben der Feuerwehr eine Vielzahl von Einsatzvarianten, die durch Zubehör nochmals ergänzt werden können. Aus eigener Erfahrung weiß der Autor, wie demotivierend Übungen mit tragbaren Leitern sein können, wenn sie nur als Drill zum Einüben von Handgriffen verstanden werden.

Zum Umgang mit diesem Roten Heft

Mit diesem Roten Heft sollen Anregungen zur Vorbereitung und Durchführung von Übungen gegeben werden, um diese interessanter zu gestalten und trotzdem den handwerklichen Umgang mit den Leitern zu üben. Aus diesem Grund sind die Texte knappgehalten und es wird auf die »Aussagekraft« des Bildes gesetzt. Die Bildfolgen enthalten die wichtigsten Schritte zur Arbeit mit den Leitern bzw. Rettungsplattformen in einer bestimmten Situation. Diese ist von den jeweiligen Verhältnissen vor Ort abhängig und muss oder kann durch die Improvisation der Mannschaft ergänzt werden.

Gerade durch die zunehmende personelle Knappheit der Einsatzkräfte sollen Möglichkeiten aufgezeigt werden, wie mit tragbaren Leitern Situationen sicher beherrscht werden können, wenn nicht nach FwDV 10 vorgegangen werden kann. In anderen Ländern sind durch modifizierte Methoden bei der Bedienung von tragbaren Leitern teils erhebliche Zeitvorteile in der Personenrettung erzielt worden.

Info:

Dazu wird z. B. auf den Bericht in der BRANDSCHUTZ 7/2006 »Ländervergleich europäischer Feuerwehren in Hammelburg« verwiesen, der sehr eindrücklich gerade diesen Umstand bei einem Standardeinsatz deutlich macht.

Das soll jetzt nicht heißen, dass in Deutschland die vorhandenen Leitern bei den Feuerwehren in Frage gestellt werden, aber wie in anderen Bereichen auch, sollte die Entwicklung nicht blockiert werden und es ist legitim auch über andere Systemtechnik nachzudenken, diese zu erproben und im Falle eines

Erfolges oder Gewinn an Ergonomie und Sicherheit auch zuzulassen.

In diesem Zusammenhang wird in Form eines Exkurses eine trennbare, zweiteilige Schiebleiter (z. B. aus der Schweiz) in Kombination mit einer Haken-Klappleiter (Prototyp) vorgestellt, die eine Möglichkeit zum personalsparenden Einsatz eine Ergänzung oder einen Ersatz für vorhandene Leitern darstellen könnte.

Zudem soll auch wie bei den vorhergehenden Auflagen das Rote Heft wieder dazu animieren, die Leitern und Rettungsplattformen möglichst oft in Übungen einzubauen und die gezeigten Vorschläge auszuprobieren.

1 Definitionen

1.1 Zugangsleitern

Zugangsleitern werden nicht zur Rettung von Personen (Hinauf- oder Heruntertragen) empfohlen. Sie sind meist nur für die Benutzung durch eine Person zugelassen. In diese Kategorie fallen z. B. die Haken- und die Dachleitern.

In diesem Zusammenhang sind die Leitern nach DIN EN 131 zu verstehen, die nur über eine geringe Nutzlast (z. B. 90 kg) verfügen und somit klassische »Ein-Personen-Leitern« darstellen.

1.2 Rettungsleitern

Rettungsleitern sind zur Rettung und dem Hinauf- und Heruntertragen von Personen geeignet und auch zugelassen. Durch eine Kennzeichnung an der Leiter (meist an den Holmen außen) wird darauf hingewiesen, wie viele Personen gleichzeitig die Leiter besteigen dürfen.

Diese Leitertypen müssen somit der DIN EN 1147 entsprechen, die hohe Anforderungen an die Belastungsfähigkeit stellt:

- Ein-Personen-Leiter: 108 kg
- Zwei-Personen-Leiter: 216 kg
- Drei-Personen-Leiter: 324 kg

Bei Leitern nach DIN EN 131 wird im Normalfall eine maximale Belastungsfähigkeit von 150 kg angegeben und diese Leitern werden generell als Ein-Personen-Leitern gekennzeichnet (es wird davon ausgegangen, dass auch Arbeitsgeräte oder Gegenstände wie z. B. ein Malerkübel mit auf die Leiter genommen werden).

Die rechnerische Auslegung sowohl für Feuerwehrleitern als auch für beruflich oder privat genutzte Leitern sind zwar höher ausgelegt, es muss aber im eigenen Interesse darauf geachtet werden, dass die Angaben an der Leiter eingehalten werden.

Bei Ausschreibungen oder dem Kauf von Leitern (insbesondere der Teleskopleitern) sollte unbedingt darauf geachtet werden, dass für den Betrieb bei Feuerwehren nur zugelassene Leitern nach DIN EN 1147 beschafft werden dürfen. Bei einem Unfall mit einer Leiter nach DIN EN 131 im Einsatzdienst könnte eventuell mangelnde Aufsichtspflicht oder sogar ein Organisationsverschulden unterstellt werden.

1.3 Stehleitern

Stehleitern sind zum Gebrauch als An- oder Aufstellleiter gedacht und werden auf einem Untergrund aufgestellt. Im Feuerwehrdienst finden sich z. B.: Steckleiter, Schiebleiter, Klappleiter, Bockleiter, Teleskopleiter und Multifunktionsleiter.

1.4 Hängeleitern

Hängeleitern sind zum Gebrauch als hängende Leitern gedacht und werden in einem geeigneten Festpunkt eingehängt. Im Feuerwehrdienst sind z. B. zu finden: Hakenleiter, Strickleiter, Steckstrickleiter und Multifunktionsleiter.

1.5 Allgemeine Begriffe

In den Bildern 1 bis 5 werden die bei der Feuerwehr verwendeten tragbaren Leitern mit ihren Bestandteilen dargestellt.

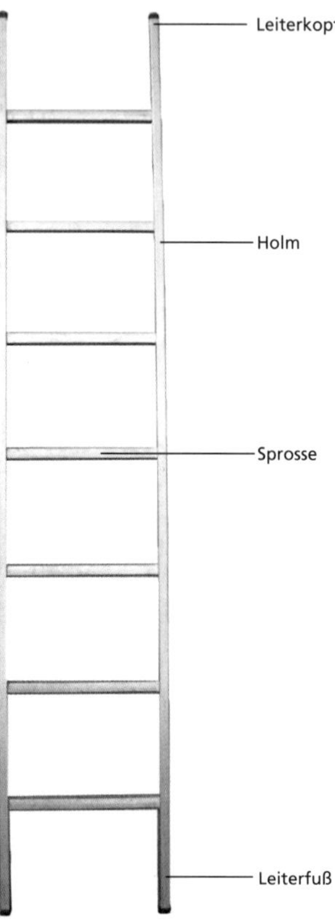

Bild 1: ***Bestandteile einer Leiter (allgemein)***

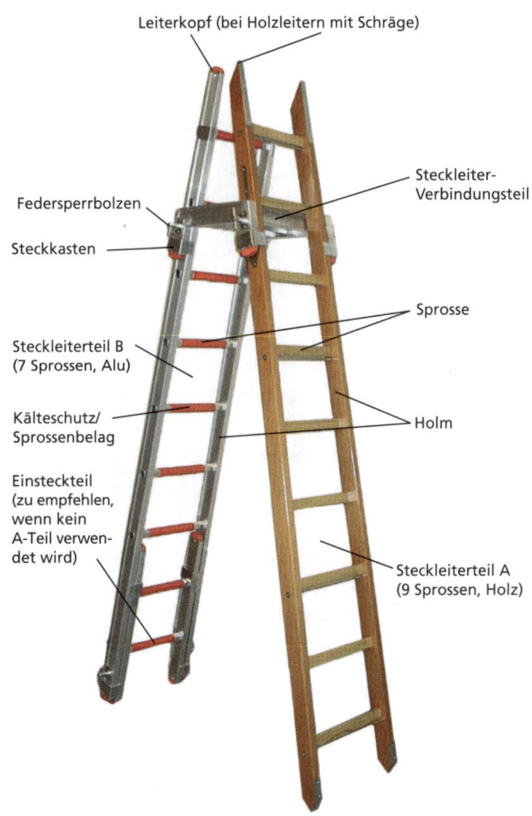

Bild 2: ***Bestandteile und Zubehör einer Steckleiter***

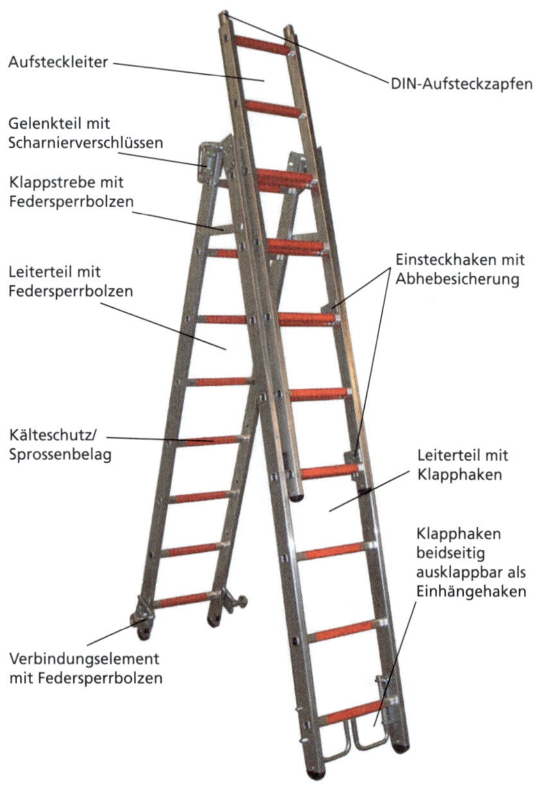

Bild 3: ***Bestandteile einer Multifunktionsleiter***

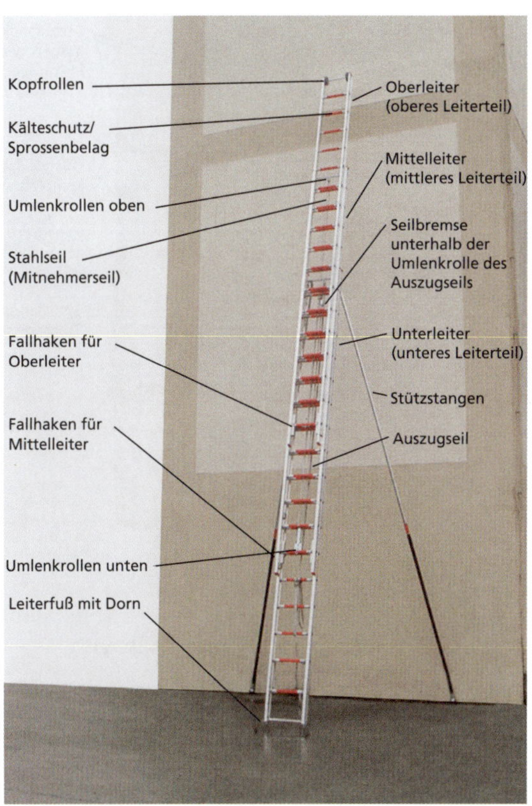

Bild 4: ***Bestandteile einer dreiteiligen Schiebleiter***

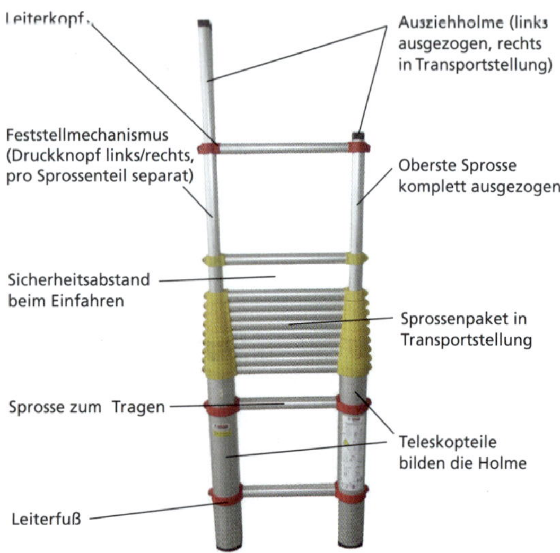

Bild 5: ***Bestandteile einer Teleskopleiter***

2 Allgemeine Sicherheits- und Benutzungshinweise

Im Einsatzdienst bei der Feuerwehr ersetzen tragbare Leitern den Angriffs- oder Rettungsweg, wenn der bauliche Verkehrsweg nicht vorhanden oder nicht passierbar ist. Dabei sollte immer »die richtige Leiter für den jeweiligen Einsatzauftrag« verwendet werden.

Wichtige Sicherheitshinweise, die immer und für alle tragbaren Leitern gelten:

1. Tragbare Feuerwehrleitern dürfen nur von Personen eingesetzt werden, die entsprechend der Feuerwehr-Dienstvorschrift (FwDV) 10 »Die tragbaren Leitern« dafür ausgebildet sind.
2. Es dürfen nur tragbare Leitern benutzt werden, die für den Einsatzzweck geeignet sind und keine Sicherheitsmängel aufweisen. Feuerwehrleitern nach DIN EN 1147 müssen anderen Prüfkriterien und Anforderungen entsprechen als handelsübliche Leitern im Gewerbe oder in privater Anwendung, die nach DIN EN 131 geprüft und sehr häufig nur als Ein-Personen-Leitern ausgeführt werden (▶ Bild 6a).

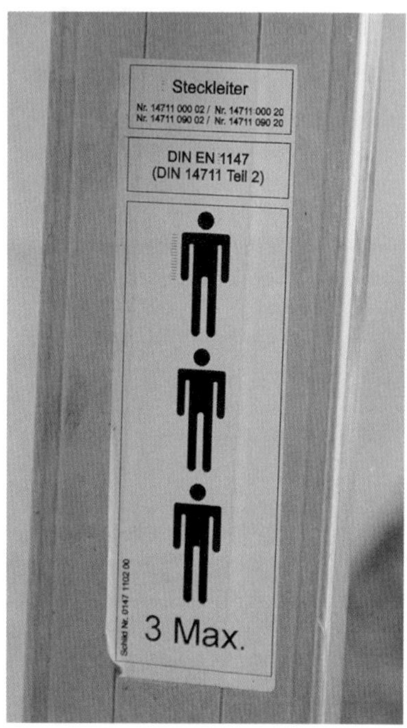

Bild 6a: ***Kennzeichnung einer Steckleiter nach DIN EN 1147 (Nach Norm muss die Steckleiter in jeder Längenkonfiguration mit zwei Personen belastbar sein, hier gibt der Hersteller maximal drei Personen an.)***

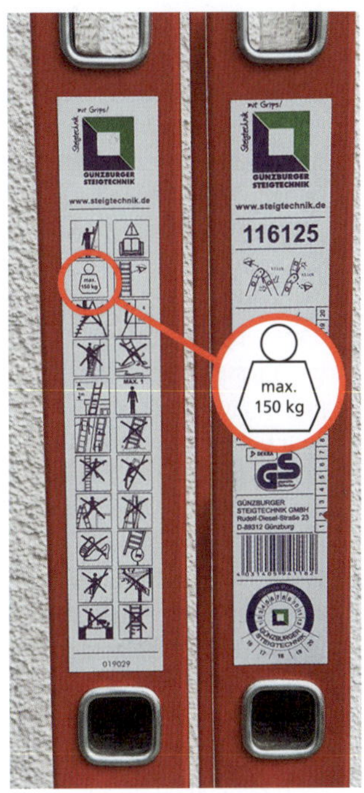

Bild 6b: ***Im Vergleich dazu die Kennzeichnung einer Bockleiter nach DIN EN 131. Man beachte die Nutzlastvorgabe von 150 kg!***

3. Voraussetzung für den sicherheitsgerechten Umgang ist die Kenntnis der Sicherheitshinweise und Sicherheitsvorschriften.
4. Für Übungen und den Einsatz mit tragbaren Leitern sind die Bestimmungen der FwDV 10 »Die tragbaren Leitern« zu beachten.
5. Tragbare Leitern sind nach jeder Benutzung einer Sichtprüfung auf Abnutzung und Fehlerstellen zu unterziehen. Sollten Mängel festgestellt werden, dürfen die Leitern nicht weiter benutzt werden und müssen einer gesonderten Feuerwehr-Geräteprüfung (durch einen ausgebildeten Sachverständigen) unterzogen werden.
6. Leitern müssen nach der Feuerwehr-Geräteprüfordnung (DGUV Grundsatz 305-002) regelmäßig geprüft werden.
7. Wenn mehrere Personen (nur in der zugelassenen Anzahl) eine Leiter, die dafür zugelassen ist, gleichzeitig besteigen, sollte die Leiter gleichmäßig belastet werden.
8. Zugangsleitern sollen (das heißt: im extremen Notfall muss entschieden werden, ob die Aktion nicht doch zielführend ist, wenn keine andere geeignete Leiter verfügbar ist) nicht für die Rettung von Personen durch Hinauf- oder Heruntertragen verwendet werden.
9. Stehleitern dürfen nur auf ausreichend tragfähigem Untergrund aufgestellt werden. Dies kann notfalls durch lastverteilende Unterlagen erreicht werden. Die Leiterfüße dürfen dabei nicht auf ungeeignete

Unterlagen (z. B. Kisten, Steinstapel, Tische oder Ähnliches) gestellt werden.

10. Stehleitern sind gegen Wegrutschen zu sichern.
11. Stehleitern sind gegen Abrutschen und Umkippen zu sichern, z. B. durch Anbinden des Leiterkopfes mit einer Feuerwehrleine oder durch Festhalten der Leiter (z. B. durch eine Person im angeleiterten Fenster).
12. Stehleitern sind mit einem Neigungswinkel von 65 ° bis 75 ° zur Standfläche aufzustellen.
13. Beim Aufstellen oder Ausziehen müssen die Leitern an den Holmen gehalten werden, sonst besteht Quetschgefahr bzw. die Gefahr danebenzugreifen (▶ Bild 7).
14. Leitern dürfen nur an sicheren Stützpunkten angelehnt oder angehängt werden.
15. An Ein- und Aussteigestellen (sofern dies durch die Öffnung möglich ist) bzw. Übersteigestellen müssen Leitern mindestens drei Sprossen bzw. ca. einen Meter überstehen, wenn nicht andere gleichwertige Möglichkeiten zum Festhalten vorhanden sind.
16. An Einstiegsöffnungen sind Leitern bündig zu einer Seite der Öffnung anzulegen.
17. Bei Verwendung von Leitern im Freien ist besonders auf die Windverhältnisse zu achten, um ein Umkippen zu vermeiden.
18. Werden Leitern an oder auf Verkehrswegen aufgestellt, ist auf eine ausreichende Absicherung zu achten, z. B. durch Aufstellen von Sicherungsposten, Warnleuchten, Warnschilder usw.

19. Die angegebene Nutzlast einer Leiter darf nicht überschritten werden.
20. Es ist unzulässig, auf der bzw. auf die Leiter zu springen.
21. Leitern sollten möglichst gleichmäßig und schwingungsfrei bestiegen werden.
22. Beim Auf-, Ab- oder Übersteigen sollen nur die Sprossen im Klammergriff, aber nicht die Holme gegriffen werden.
23. Beim Besteigen soll der Körper möglichst dicht an die Leiter angeschmiegt werden.
24. Auf Brüstungen von Wandöffnungen ist beim Ein- und Aussteigen der Reitsitz einzunehmen. Nicht von der Brüstung in das Gebäude springen. Bevor eingestiegen wird, muss der Boden durch Abtasten mit einem Fuß auf Tragfähigkeit geprüft werden.
25. Über den oberen Auflagepunkt einer Leiter darf nicht hinausgestiegen werden.
26. Sollen von tragbaren Leitern Löschmittel abgegeben werden, sind folgende Sicherheitshinweise zu beachten:
    - Einsatz von absperrbaren Strahlrohren.
    - Die Leiter ist am Leiterkopf zu befestigen.
    - Der Strahlrohrführer muss sich mit dem Feuerwehr-Haltegurt oder einem gleichwertigen System (z. B. integriertes Sicherungssystem in der Einsatzjacke) sichern.
    - B-Rohre dürfen von tragbaren Leitern aus nicht benutzt werden.

- Auf Leitern müssen Strahlrohre besonders behutsam (langsam) geöffnet und geschlossen werden.
- Auf Leitern dürfen Strahlrohre jeweils bis zu einem Winkel von 15 ° zu den Seiten hin eingesetzt werden.

27. Beim Besteigen von Leitern soll der Schlauch in einer Bucht oder Schlaufe über der Schulter getragen werden. Das Strahlrohr darf nicht in den Feuerwehr-Haltegurt oder die Einsatzjacke gesteckt werden (▶ Bild 8).

28. Schlauchleitungen sollen über Leitern nur bis in das 1. Obergeschoss mitgetragen werden. Sicherer ist das Hochziehen von Schläuchen und Ausrüstung mittels Feuerwehrleine.

29. Eine am Gebäude angestellte, ungesicherte Leiter darf nicht ohne weiteres entfernt werden. Sie ist unter Umständen der einzige Rückzugsweg eines vorgegangenen Trupps (Stichwort: »Anleiterbereitschaft«).

Bild 7: ***Korrektes Halten am Holm beim Auszug der Schiebleiter (Quelle: Jochen Thorns)***

Bild 8: ***Vornahme eines C-Rohres über eine tragbare Leiter (Quelle: Jochen Thorns)***

3 Unfallverhütung beim Einsatz von tragbaren Leitern

Für die Ausbildung, Übung und den Einsatz gilt die Unfallverhütungsvorschrift (UVV) »Feuerwehren« (DGUV Vorschrift 49) in der jeweils gültigen Fassung.

Baumustergeprüfte tragbare Leitern für die Feuerwehr entsprechen bezüglich ihrer Beschaffenheit und Ausführung der Norm DIN EN 1147 in ihrer jeweils gültigen Fassung. Die Baumusterprüfung umfasst auch die Prüfung auf Tragfähigkeit und Standfestigkeit unter Einsatzbedingungen gemäß Unfallverhütungsvorschrift »Feuerwehren«. Die Standfestigkeit ist dann gewährleistet, wenn ausreichende Maßnahmen gegen Umkippen beziehungsweise Wegrutschen getroffen worden sind.

Zum Schutz vor den Gefahren des Feuerwehrdienstes bei Ausbildung, Übung und Einsatz muss die folgende Schutzausrüstung zur Verfügung gestellt und benutzt werden:

1. entsprechende Feuerwehr-Einsatzkleidung,
2. Feuerwehrhelm mit Nackenschutz (oder gleichwertige Ausführung bei modernen Helmen),
3. Feuerwehr-Schutzhandschuhe,
4. Feuerwehr-Sicherheitsschuhwerk,
5. Feuerwehr-Haltegurt oder geeignete Absturzsicherung (auf speziellen Befehl).

Bei besonderen Gefahren müssen spezielle persönliche Schutzausrüstungen vorhanden sein, die in Art und Anzahl auf diese Gefahren abgestimmt sind.

Im Umgang mit tragbaren Leitern bei Ausbildung, Übung und Einsatz können unter anderem folgende Gefahren auftreten, auf die alle Beteiligten, Einsatzleitung wie auch die Mannschaft, achten müssen:

- Herunterfallen:
  z. B. bei Benutzung einer schadhaften oder für den Einsatzzweck ungeeigneten Leiter oder durch unsachgemäßes Besteigen.
- Um-/Abstürzen:
  z. B. durch nicht standsicheres Aufstellen, unsachgemäße Löscharbeiten (Strahlrohrführung) von der Leiter, Fehlen einer bedarfsgerechten Sicherung z. B. bei Seitenwind.
- Abrollen/-rutschen:
  z. B. wegen ungesichertem Aufstieg an oder auf Verkehrswegen, Aufstellen der Leiter auf schiefen Ebenen.
- Umkippen:
  z. B. bei Anlegen der Leiter an unsicheren Stützpunkten wie Spanndrähten, Stangen, Glasscheiben, unverriegelten Türen oder Toren und Ähnlichem.
- Elektrizität:
  z. B. durch Instellungbringen der Leiter in unmittelbarer Nähe von Stromleitungen oder durch Berührung von Fahrdrähten oder anderen stromführenden Leitungen mit der Leiter (▶ Tabelle 1).

Tabelle 1: ***Notwendiger Sicherheitsabstand zwischen Personen auf Leitern und unter Spannung stehenden Teilen (Quelle: DIN VDE 0105-100)***

Spannung in Volt	Mindestabstand in Meter
bis 1 000	1
> 1 000 bis 110 000	3
> 110 000 bis 220 000	4
> 220 000 bis 380 000	5

Tipp:

In der Praxis macht es Sinn, nur zu unterscheiden zwischen mindestens einem Meter Abstand bei Stromleitungen unter 1 000 V und zu »offensichtlichen« Stark-Stromleitungen über 1 000 V einen Abstand von mindestens fünf Metern einzuhalten.

4 Tragbare Leitern für den Feuerwehrdienst

4.1 Schiebleiter

Die dreiteilige Schiebleiter wird nur auf den (Hilfeleistungs-) Löschfahrzeugen Typ LF 20 und HLF 20 als längste tragbare Rettungsleiter mitgeführt. Auf Wunsch des Bestellers kann sie weiterhin auch auf anderen Fahrzeugen verlastet werden. Sie besteht aus drei Teilen und wird von mindestens vier Personen bedient. Die zweiteilige Schiebleiter ist nicht mehr genormt, wird aber teilweise noch verwendet. In ▶ Tabelle 2 werden die technischen Daten der Schiebleitern dargestellt.

Besondere Hinweise:

Die Schiebleiter beim Ausziehen und Einlassen nur an den Holmen, nicht an den Sprossen festhalten; es besteht Quetschgefahr für die Finger. Ausgezogene Schiebleiter nicht besteigen, bevor die Fallhaken auf der Sprosse aufsitzen und die oberen Leiterteile gegen Zusammenfahren durch das Zugseil gesichert sind. Die Stützen dienen zur Stabilitätssicherung der Leiter im Betrieb. Sie müssen immer durch je eine Person gesichert werden. Die Schiebleiter mit Stützen darf im Freistand niemals über die Stützstangen hinaus bestiegen werden.

Tabelle 2: ***Technische Daten der Schiebleitern***

	dreiteilige Schiebleiter	zweiteilige Schiebleiter
Zulässige Belastung	3 Personen bzw. 324 kg	
Transportlänge eingefahren	ca. 5 400 mm	
Maximale Einsatzlänge ausgefahren	ca. 14 000 mm	ca. 9 700 mm
Gewicht (Aluminium/Holzausführung)	ca. 80 kg/100 kg	ca. 45 kg/60 kg

4.2 Steckleiter

Die Steckleiter ist die zurzeit am meisten verbreitete tragbare Leiter deutscher Feuerwehren. Sie ist sehr vielseitig einsetzbar und wird nach Norm auf fast jedem Fahrzeug mitgeführt. Bestehend aus maximal vier zusammensteckbaren Leiterteilen kann eine maximale Leiterlänge von 8 400 mm erzielt werden. Die Steckleiter kann als einzelne, paarweise, dreiteilig oder vierteilig zusammengesteckte Anlegeleiter oder mit Verbindungsteil auch als Bockleiter verwendet werden. Da sie durch Untersetzen und Nachsetzen (in horizontaler Lage) verlängert werden kann, ist die Steckleiter auch in engen Räumen, z. B. Schächten, verwendbar. Zur Bedienung sind mindestens drei Personen erforderlich. In ▶ Tabelle 3 werden die technischen Daten der Steckleiter dargestellt.

Tabelle 3: ***Technische Daten der Steckleiter***

	einteilig	zweiteilig	dreiteilig	vierteilig
Zulässige Belastung	2 Personen bzw. 216 kg in jeder Einsatzlänge			
Einsatzlänge in mm	2 700	4 600	6 500	8 400
Gewicht in kg (Alu)	10	20	30	40
Gewicht in kg (Holz)	12,5	25	37,5	50

Besondere Hinweise:

Eine mehrteilige Steckleiter kann aus B-Teilen und einem Einsteckteil oder aus einem A-Teil und B-Teilen gebildet werden. In jedem Fall wird empfohlen als Fußteil kein B-Teil zu verwenden, da die Unfallgefahr durch die beiden fehlenden unteren Sprossen sehr groß ist und für ungeübte Personen beim Abstieg Absturzgefahr besteht. Beim Zusammenstecken sind die Leiterteile nur an den Sprossen und den Steckbolzen zu halten, um ein Quetschen beim Zusammenstecken der Teile zu vermeiden. Die Bolzenverbindung muss immer auf Zug geprüft werden.

4.2.1 Zubehör für die Steckleiter

Steckleiter-Verbindungsteil

Das Steckleiter-Verbindungsteil (▶ Bild 9) kann auch als kleiner Hocker oder Trittstufe verwendet werden. Grundsätzlich sollten nicht mehr als zwei einzelne Steckleiterteile mittels Verbindungsteil verbunden werden. Nur in Ausnahmefällen (ohne große Belastung) können auch zwei Leiterteile auf jeder Seite miteinander verbunden werden. Diese müssen dann aber unbedingt mit Leinen gegen Wegrutschen und Kippen gesichert werden. Als Leiterbock mit Seilzug zur Schachtrettung wird diese Kombination nicht empfohlen, da die Belastung ausschließlich auf den Steckkästen aufliegt.

Bild 9: ***Steckleiter mit Verbindungsteil (Quelle: Jochen Thorns)***

Einsteckteil

Das Einsteckteil (▶ Bild 10) ist inzwischen verbindlich in den Normen der Fahrzeuge enthalten, die Steckleitern mitführen.

Bei älteren Fahrzeugen, die nur mit Steckleiterteilen Typ B (kein A-Teil) beladen sind, wird dringend die Nachrüstung eines Einsteckteils angeraten, um die Unfallgefahr – speziell beim Abstieg – zu minimieren.

Bild 10: ***Einsteckteil einer Steckleiter (Quelle: Jochen Thorns)***

Fußverbreiterung, verstellbar

Die Fußverbreiterung (▶ Bild 11a) erlaubt einen deutlich verbesserten Stand auf unebenem Untergrund. Dieses Zubehörteil muss allerdings erst zeitaufwendig montiert werden und ist zudem nur für Alu-Steckleitern geeignet. Neben der Fußverbreiterung mit Spindeln zum Ausgleich von Bodenunebenheiten (zu empfehlen) gibt es auch eine einfache Version als reiner Balken. Diese ist zwar, wie das Einsteckteil einfach zu bedienen, kann aber keine Bodenunebenheiten oder schräge Aufstellflächen ausgleichen (▶ Bild 11).

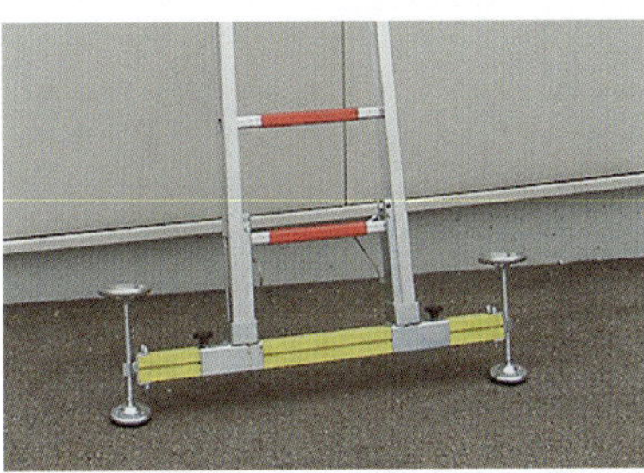

Bild 11a: ***Verstellbare Fußverbreiterung***

Bild 11b: ***Fußverbreiterung in Form eines Einsteckteils für das Steckleiter-Oberteil. Man beachte die Steckkasten-Sprosse aus Alu-Warzenblech, die nach ÖNORM F 4047 gefordert wird. In Österreich ist auch kein wärmeisolierender, rutschsicherer Sprossenbelag gefordert.***

Steckleiter-Dachhaken

Es gibt ein Zubehör für die Steckleiter nach ÖNORM F 4047, um diese als Dachleiter einsetzen zu können. In den ▶ Bildern 12a und 12b wird das Prinzip dargestellt. Am Kopfende wird der Doppelhaken eingesteckt und am unteren Leiterteil wird ein Bügel als Distanzhalter fixiert, um eine ausreichende Eintritt-Tiefe zu erhalten. Die Leiter (in der Länge angepasst an die Dachfläche bzw. Dachhöhe) wird mit den Rollen nach oben geschoben und bei Überschreitung des Dachfirstes gewendet, um den Haken auf der gegenüberliegenden Dachfläche einzuhängen.

Sicherheitshinweis:

An sich sind Steckleitern Stehleitern, die auch als solche verwendet werden sollten. Sie können in dringenden Fällen z. B. an Böschungen oder wie gezeigt, auf Dachflächen auch liegend oder schräg eingesetzt werden. Dabei muss man sich aber im Klaren sein, dass die Bolzen auf Zug belastet werden und bei nicht korrekter Verriegelung die Leitern auseinandergleiten können. Es wird daher empfohlen, dass die einzelnen Steckleiterteile mit einer Leine untereinander gesichert werden.
Aufgrund des Gewichtes wird nicht empfohlen diese »Haken-Steckleiter-Konfiguration« als Einhängeleiter zu verwenden.

Bild 12a: ***Steckleiter-Dachhaken in der Seitenansicht***

Bild 12b: ***Draufsicht auf ein Steckleitermodel mit dem Steckleiter-Dachhaken und den Abstandhalter am Fußende***

4.3 Multifunktionsleiter

Aufgrund der gestiegenen Anforderungen speziell im technischen Einsatzdienst der Feuerwehren wurde die Multifunktionsleiter (MFL) entwickelt. Sie ergänzt die bestehende Leiterfamilie dort, wo andere Leitertypen nur unzureichend oder gar nicht eingesetzt werden können, z. B. als Dachleiter, als Bockleiter, in Verbindung mit einem Arbeits- oder Rettungsgerüst, auf Treppen oder als Einhängeleiter an Balkonen oder Brückengeländern. Die Multifunktionsleiter besteht aus drei Leiterteilen, wobei zwei Teile mit einem Scharnier gelenkig verbunden sind. An einem Leiterteil sind zwei Einhängehaken gelenkig montiert. Das dritte Teil ist als Aufsteckleiter ausgeführt. Zwei Multifunktionsleitern lassen sich über Federbolzen variabel zu einer auf die Einsatzsituation angepassten Rettungsleiter miteinander verbinden. Die Multifunktionsleiter kann – wie die Steckleiter – durch Aufklappen und nacheinander Einschieben bzw. Aufsetzen (in horizontaler Lage) verlängert und in engen Räumen (z. B. Schächten) eingesetzt werden. Durch umfangreiches Zubehör, wie z. B. Rettungsplattform, Kopfverbindungsteil, Holmverlängerung, Fußverbreiterung oder Scheinwerfer- bzw. Kopfhalter, ergeben sich für den technischen Dienst bei der Feuerwehr unzählige Einsatzvarianten.

Je nach Einsatzzweck sind eine oder zwei Personen für die Multifunktionsleiter bzw. vier Personen beim Instellungbringen von vier- und fünfteiligen Multifunktionsleitern erforderlich. In ▶ Tabelle 4 werden die technischen Daten der Multifunktionsleiter dargestellt.

Besondere Hinweise:

Beim Aufklappen der Multifunktionsleiter besteht am Scharnier Quetschgefahr. Bei Verwendung als An- oder Einhängeleiter müssen die Scharnierbolzen arretiert sein. Bei Nutzung der Multifunktionsleiter als Stehleiter (Bockleiter) müssen vor dem Begehen die starren Verbindungen eingehängt werden. Beim Aufstecken des Aufsteckteils ist die Verriegelung der Haken zu prüfen.

Tabelle 4: ***Technische Daten der Multifunktionsleiter***

Zulässige Belastung	2 Personen bzw. 216 kg
Transportlänge eingeklappt	ca. 2 300 mm
Einsatzlänge aufgeklappt ohne Aufsteckteil	ca. 4 560 mm
Einsatzlänge aufgeklappt mit Aufsteckteil	ca. 5 560 mm
Einsatzlänge zwei MFL mit Aufsteckteil	ca. 9 200 mm
Einsatzlänge des Aufsteckteils alleine	ca. 700 mm
Gewicht (komplett mit Aufsteckteil)	ca. 23,5 kg

4.3.1 Zubehör für die Multifunktionsleiter

Holmverlängerung

Die Holmverlängerung (▶ Bild 13) ist ein einfaches und zweckmäßiges Zubehörteil und sollte bei keiner Multifunktionsleiter fehlen. Sie kann in (fast) allen Halterungen ständig an einem Holm montiert bleiben und ist somit unmittelbar einsetzbar. Damit lassen sich nicht nur Unebenheiten ausgleichen, sondern sogar Treppenstufen überbrücken, wenn die Leiter auf einem Treppenabsatz eingesetzt werden muss.

Bild 13: ***Die Holmverlängerung kann durch eine Klemmvorrichtung auf alle Holmenden der Multifunktionsleiter aufgesetzt werden und erlaubt eine stufenlose Verstellung bis 300 mm.***

Fußverbreiterung

Die Fußverbreiterung (▶ Bild 14) ist Bestandteil der Rettungsplattform für Multifunktionsleitern, um die Standsicherheit zu erhöhen, kann aber auch einzeln in Verbindung mit der Leiter eingesetzt werden. Sie erlaubt keinen Niveauausgleich und kann nur an der Holmseite mit Haken angebaut werden. Es gelten dieselben Bedingungen wie bei der Fußverbreiterung für die Steckleiter.

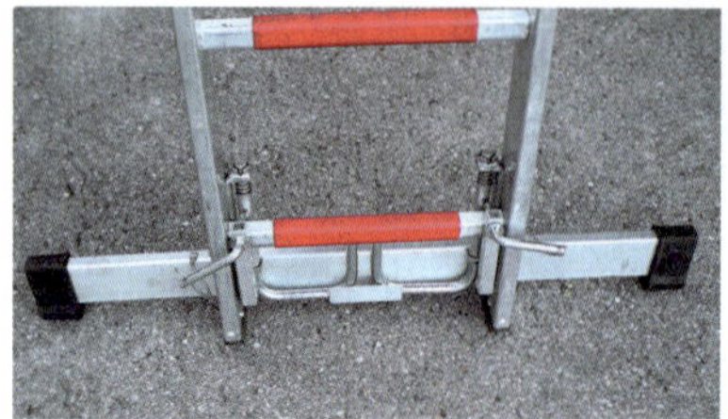

Bild 14: ***Die einfache Ausführung der Fußverbreiterung kann ohne Werkzeug montiert werden.***

Fußverbreiterung, verstellbar

Gegenüber der einfachen Fußverbreiterung können die Leitern bei diesem Typ durch Spindeln am Balkenende zusätzlich in ihrer Neigung verstellt oder große Unebenheiten ausgeglichen werden (▶ Bild 15). Zudem lässt sich diese Fußverbreiterung an beiden Holmenden montieren. Insbesondere bei Verwendung von Multifunktionsleitern als Leitergerüst kann die Standfestigkeit dadurch erheblich verbessert werden.

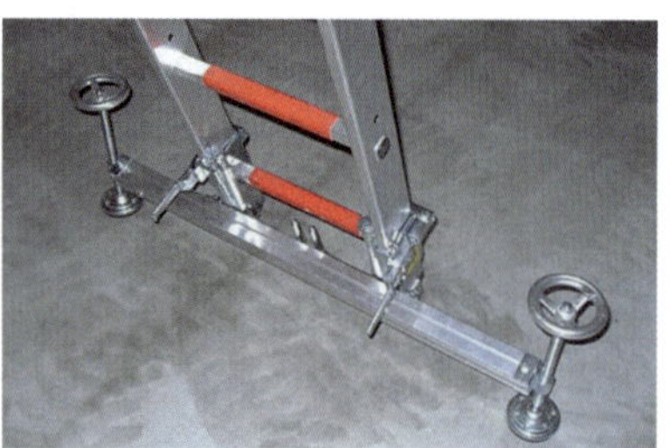

Bild 15: ***Durch die breite Basis und die Spindeln kann die Standsicherheit deutlich verbessert werden.***

Kopfhalter

Der Kopfhalter (▶ Bild 16) ist ein sehr einfaches Zubehör, das einerseits als Ablage dienen kann, wenn die Multifunktionsleiter als Bockleiter aufgestellt ist. Andererseits kann er als Festpunkt für eine Umlenkrolle oder einen Karabiner bei einer Schachtrettung fungieren. Allerdings ist zu beachten, dass der Raum unterhalb der Leiter sehr beengt ist und diese Version daher nur selten angewendet werden kann.

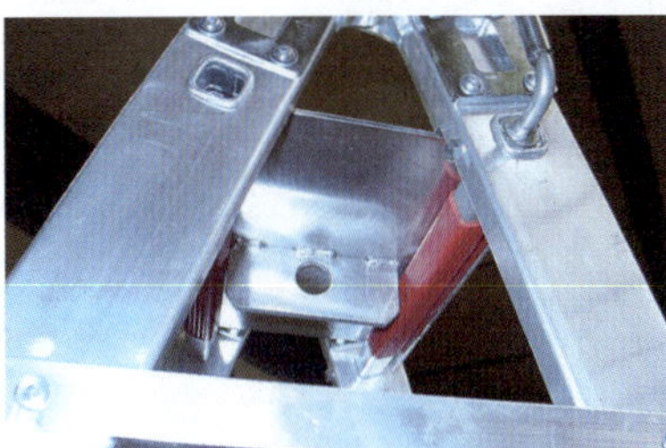

Bild 16: ***Der Kopfhalter kann sowohl bei einer Multifunktionsleiter als auch bei einem Verbindungsteil verwendet werden.***

Verbindungsteil

Um zwei gestreckte Multifunktionsleitern zu einem Leiterbock zu verbinden, kann das Verbindungsteil (▶ Bild 17) verwendet werden. Es sind bereits Ösen zum Befestigen von Leinen mit Karabinern vorhanden. In Kombination mit einem Kopfhalter und einem Einreißhaken oder einer Stange kann eine Schlauchüberführung hergestellt werden, die es ermöglicht, dass auch hohe Fahrzeuge (4,2 m) passieren können.

Bild 17: ***Das Verbindungsteil eignet sich alleine auch als kleiner Auftritt. Man beachte die Öse zur Lastaufnahme und die Klappösen für die Halteleinen. Durch Auflegen des Kopfhalters (▶ Bild 16) erhält man eine Stellfläche.***

Rettungs- und Arbeitsplattform

Die Rettungs- und Arbeitsplattform hat ein kompaktes Transport- bzw. Packmaß von 2 170 × 640 × 160 mm (▶ Bild 18). Mit dem zweiten Plattformteil (im vorderen Bereich des ▶ Bildes 18 zu sehen) lässt sich eine Plattform in doppelter Größe darstellen. In ▶ Kapitel 5 wird ausführlich auf die Anwendung und den Gebrauch der Rettungs- und Arbeitsplattform eingegangen.

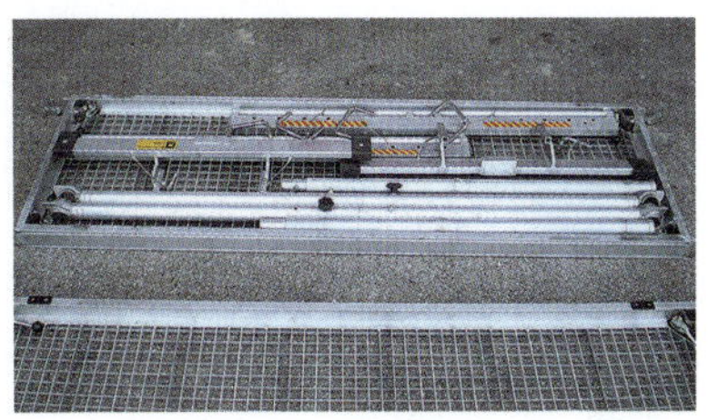

Bild 18: ***Das Transportmaß der Rettungs- und Arbeitsplattform ist sehr kompakt. Zwischen den beiden Plattformteilen wird das gesamte Zubehör gelagert.***

Gerüstkonsole

Um ein Leiter- oder Dachgerüst aufbauen zu können, sind zwei Gerüstkonsolen in Verbindung mit einer Planke der Rettungsplattform und zwei parallel gestellte Multifunktionsleitern oder alternativ auch Steckleitern erforderlich. Diese Gerüstkonsolen lassen sich in der Rettungs- und Arbeitsplattform verstauen und benötigen somit keinen zusätzlichen Lagerraum in Fahrzeugen. Diese Anwendung wird ebenfalls später genauer beschrieben.

4.4 Klappleiter

Klappleitern sind nur noch auf Wunsch des Bestellers auf Löschfahrzeugen verlastet. Diese handlichen Holzleitern können in Längsrichtung geklappt werden und haben dann die Form eines Balkens (▶ Bilder 19a und 19b). Daher werden sie auch Stock- oder Balkenleitern genannt. In der Transportstellung können Klappleitern auch als Rammbock oder Hebebaum verwendet werden. In ▶ Tabelle 5 werden die technischen Daten der Klappleiter dargestellt. Man beachte, dass die Klappleiter nur als Zugangsleiter für eine Person zugelassen ist. Es gibt allerdings Klappleitern auch in Aluminiumausführung. Diese entsprechen aber nicht der Feuerwehr-Klappleiter, sondern sind als Zugangsleitern z. B. für Handwerker in beengten Verhältnissen gedacht.

Tabelle 5: ***Technische Daten der Klappleiter***

Zulässige Belastung	1 Person bzw. 108 kg
Transportlänge eingeklappt	ca. 3 260 mm
Einsatzlänge aufgeklappt	ca. 3 000 mm
Gewicht	ca. 10 kg

Bild 19a und 19b: *Klappleiter in Transportstellung und in Einsatzstellung – ausgeklappt (Quelle: Jan Thorns)*

4.5 Hakenleiter

Auch Hakenleitern sind nur noch auf Wunsch des Bestellers auf Löschfahrzeugen verlastet. Sie werden noch bevorzugt als Zugangsleitern von Höhenrettungsgruppen eingesetzt, um z. B. an Häusern mit Balkonen oder in großen Höhen an schwer zugänglichen Stellen Punkte zu erreichen, von denen dann mittels Abseileinrichtungen Personen gerettet werden können. In ▶ Tabelle 6 werden die technischen Daten der Hakenleiter dargestellt.

Besonderer Hinweis:

Die Hakenleiter darf nicht als Anstellleiter verwendet werden. Das Einhängen erfordert geeignete Brüstungen und das Besteigen ein gewisses Geschick und Fitness des Benutzers (▶ Bild 20).

Tabelle 6: ***Technische Daten der Hakenleiter***

Zulässige Belastung	1 Person bzw. 108 kg
Transport und Einsatzlänge	ca. 4 400 mm
Gewicht	ca. 12 bis 13 kg

Bild 20: ***Hakenleiter eingehängt. In diesem Fall sollte die Leiter durch einen Feuerwehrangehörigen unten abgestützt werden. Im Normalfall stützt sich die Leiter durch die Distanzhalter an der Wand ab. (Quelle: Jochen Thorns)***

4.6 Strickleiter/Steckstrickleiter

Strickleitern sind reine Hängeleitern und werden bevorzugt zum Abstieg in Schächten oder an Kaimauern verwendet. Sie sind in Deutschland für die Feuerwehren nicht mehr genormt, aber vereinzelt (z. B. auf Rüstwagen) noch zu finden. In Österreich unterliegen Strickleitern der ÖNorm Z 1509 und werden in Längen von 5, 10 und 15 m angeboten. Steckstrickleitern sind durch Aufeinanderstecken der Sprossen und einen selbstsichernden Haken auch zum Einhängen über Kopf tauglich. Für beide Leitern sind geeignete Einhängemöglichkeiten erforderlich. In ▶ Tabelle 7 werden die technischen Daten der Strick- und der Steckstrickleiter dargestellt.

Besonderer Hinweis:

Das Besteigen erfordert einiges Geschick und ist am sichersten durch abwechselndes Einsteigen mit der Fußspitze und der Ferse.

Tabelle 7: ***Technische Daten der Strick und der Steckstrickleiter***

Zulässige Belastung	1 Person bzw. 108 kg
Einsatzlänge Steckstrickleiter eingehängt	ca. 6 000 mm
Gewicht	ca. 4,4 kg
Einsatzlänge Strickleiter eingehängt	ca. 5 000 bis 15 000 mm
Gewicht	ca. 6 bis 16 kg

4.7 Teleskopleiter

Teleskopleitern werden als Anstell- und Stehleitern angeboten und bevorzugt zur Verwendung in geschlossenen Räumen sowie zum Steigen in engen Schächten verwendet. Insbesondere auf Kleineinsatz- und Kranfahrzeugen, aber auch auf

Rüstwagen und (H)LF werden sie zunehmend als Ergänzung zu den Norm-Leitern mitgeführt, da sie besonders kompakt gelagert, transportiert und in der Regel durch eine Person eingesetzt werden können (▶ Bild 21).

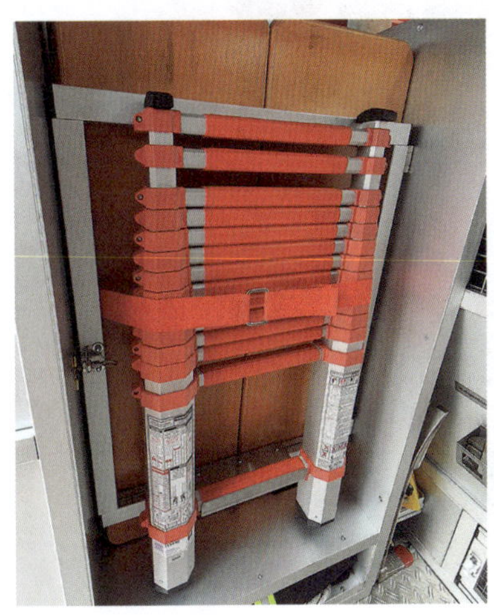

Bild 21: ***Teleskopleitern nach DIN EN 1147 sind im Packmaß besonders kompakt und eignen sich daher zur Lagerung im Aufbau oder wie hier in einem Mehrzweckfahrzeug (MZF) oder in Kleinalarmfahrzeugen (KlAF).***

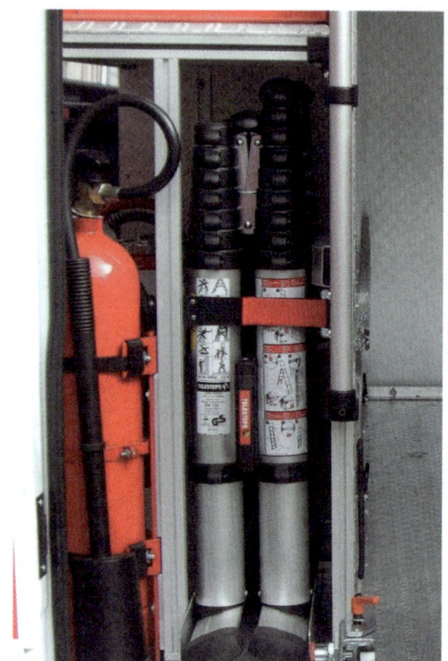

Bild 22: ***Teleskopleiter als Klappleiter ausgeführt. Achtung: Diese Ausführung ist nur nach DIN EN 131 erhältlich und als Ein-Personen-Leiter bis 150 kg zugelassen. Es müssen als Anstellleiter immer beide Leiterteile ausgezogen werden.***

Teleskopleitern sind nach wie vor keine genormten Leitern für den Feuerwehrdienst. Nur wenige Hersteller zertifizieren ihre Produkte entsprechend den Anforderungen nach DIN EN 1147. Im eigenen Interesse ist unbedingt darauf zu achten, dass nur Teleskopleitern beschafft werden, die geprüft und für den Feuerwehrdienst zugelassen sind. Mittlerweile gibt es unterschiedliche Ausführungen, die nach DIN EN 1147 zertifiziert sind, sich aber in der Konstruktion, speziell der Holme (als Achteckrohr- oder Dreieckrohr-Holme), der ausgezogenen Leiterlänge aufgrund der Sprossenanzahl und dem Gewicht sowie der zulässigen Belastung unterscheiden. In ▶ Tabelle 8 werden die technischen Daten verschiedener Teleskopleitern dargestellt.

Tabelle 8: ***Technische Daten der Teleskopleiter***

Zulässige Belastung	2 Personen bzw. 216 kg
Nutzbare Länge	900 bis 4 100 mm
Transport-/Packmaß	ca. 900 × 520 × 100 mm
Gewicht	ca. 15 kg

Besonderer Hinweis:

Beim Auseinanderziehen einzelner Elemente ist die beidseitige Verriegelung zu überprüfen. Beim Einschieben besteht zwischen den Sprossen Quetschgefahr.

5 Tragbare Rettungsplattformen für den Feuerwehrdienst

Die gestiegenen Anforderungen bei der technischen Hilfe, speziell bei Lkw und Bussen, führten dazu, dass viele Feuerwehren Rettungsplattformen beschafft haben. Unter anderem hat auch die Deutsche Bahn AG eine große Anzahl an Plattformen beschafft und den Feuerwehren, die ICE-Strecken betreuen, zur Verfügung gestellt.

Rettungsplattformen für die Feuerwehr sind in der DIN 14830 genormt. Es gibt verschiedene Baumuster, die Vor- und Nachteile haben und für unterschiedliche Anwendungen geeignet sind. Wie bei den tragbaren Leitern, bestimmt der Einsatzzweck den Typ der Rettungsplattform. Manche Feuerwehren haben daher auch verschiedene Rettungsplattformen im Gebrauch. Nachfolgend werden die unterschiedlichen Typen und ihre Möglichkeiten bzw. Grenzen kurz dargestellt.

5.1 Rettungsplattform, klappbar

Diese einfachen und kompakten Rettungsplattformen sind mittlerweile weit verbreitet und können bei Rüstwagen oder HLF auch im Aufbau mitgeführt werden. Die Größe der Plattformen beträgt etwa 1,4 bis 1,5 m^2, die Höhe ca. ein Meter (kann teilweise um ca. 500 mm angepasst werden). Das Eigengewicht liegt bei etwa 30 bis 40 kg, die zulässige Belastung muss mindestens 300 kg betragen. Manche Modelle sind sogar bis 500 kg belastbar. Als Zubehör gibt es Geländer und Rollensätze für den Betrieb als Lore auf Eisenbahnschienen (▶ Bild 23).

Bild 23: ***Einfache Rettungsplattform in Arbeitsstellung, dahinter mit Laufrollen für den Einsatz als behelfsmäßige Transporteinheit auf Eisenbahnschienen***

5.2 Rettungsplattform mit Scherenmechanismus

Dieser Typ ist mit ca. 60 kg deutlich schwerer, aber auch größer und flexibler einzusetzen. Die Rettungsplattform besteht aus zwei Teilen, einem Klapprahmen, der scherenartig ausgeklappt wird, und einer Plattform, die in den Rahmen in unterschiedlicher Höhe eingehängt werden kann. Durch Spindelfüße können größere Unebenheiten ausgeglichen werden (▶ Bild 24). Die Nutzlast beträgt 500 kg. Die Bauweise erlaubt es, die Arbeitsfläche bis auf ca. 1,85 m Höhe über der Aufstandsfläche einzusetzen. Das Packmaß ist erheblich größer als bei der einfachen Version. Daher muss diese Rettungsplattform meist durch einen GW-Logistik oder auf einem Anhänger mitgeführt werden.

Bild 24: ***Rettungsplattform mit Scherenmechanismus – schnell aufgebaut, robust und auch am Hang einsetzbar***

5.3 Rettungsplattform in Verbindung mit Steckleiterteilen

Eine einfache Lösung stellt die Rettungsplattform dar, die mit einer vierteiligen Steckleiter gebildet wird. Da die Steckleiter auf fast jedem Fahrzeug mitgeführt wird, hat die Plattform zwar ein geringes Packmaß, in der Anwendung aber auch gewisse Nachteile. So werden immer alle Steckleiterteile benötigt. Damit steht eventuell keine schnelle Zugangsmöglichkeit (z. B. für den Notarzt) bei einem Lkw-Unfall in die Kabine mehr zur Verfügung. Zudem ist der Aufbau aufwendig und personalintensiv. Die Plattform lässt sich in der Höhe nur bedingt anpassen und die Bewegungsfläche wird durch die seitlichen Leitern sehr eingeschränkt (▶ Bild 25). Ein Ablegen von großen Werkzeugen oder Patienten wird damit praktisch unmöglich. Da die Plattform keinen ausreichenden Niveauausgleich besitzt, kann sie in der Regel nur auf befestigtem Untergrund eingesetzt werden.

Bild 25: ***Rettungsplattform mit Steckleiterteilen – man beachte die eingeschränkte Bewegungsfläche durch die Steckleiterteile. Auch das Auf- und Absteigen von außen ist erschwert durch die geschlossene Anordnung der Leitern.***

Sehr kritisch sieht der Autor die Belastung der einzelnen Steckleiterteile, insbesondere der Steckkästen und Sprossen.

Diese müssen nach jedem Gebrauch geprüft werden, wenn die Leiter wieder als Rettungsleiter verwendet werden soll.

5.4 Rettungsplattform und Leitergerüst in Verbindung mit Multifunktionsleiter

Das Rettungsplattform-Zubehör für die Multifunktionsleiter bietet bei einem kompakten Transportmaß vielfältige Anwendungsmöglichkeiten. Nachteilig ist allerdings der relativ hohe Zeitaufwand zur Herstellung der Betriebsbereitschaft. Mit einem Gewicht von ca. 50 bis 55 kg kann das Rettungsplattform-Zubehör durch zwei Feuerwehrangehörige transportiert werden. Die fertige Plattform bietet eine Tragfähigkeit von 400 kg und eine Grundfläche von ca. 1,2 × 2,0 m.

Beim Aufbau werden die Querbalken in Bohrungen an den Holmen der Multifunktionsleitern eingesetzt. Entsprechend der Anordnung über den Sprossen kann so auch eine Anpassung an eine große Böschung erfolgen. Die Stehhöhe kann von ca. 600 bis 1 400 mm angepasst werden. Durch Holmverlängerungen und/oder Fußverbreiterungen wird eine gute Standfestigkeit erreicht (▶ Bild 26).

Bild 26: ***Rettungsplattform in Verbindung mit zwei Multifunktionsleitern***

Ein wesentlicher Vorteil ist aber die Verwendung als Leitergerüst, im Gewerbe oft auch als »Blitzgerüst« bezeichnet. Dabei werden zwei Multifunktionsleitern nebeneinandergestellt und mittels Gerüstkonsolen wird eine Plattform mit Geländer montiert. Über die Leitern kann auf- und abgestiegen werden, die Tragfähigkeit ist dann auf 200 kg beschränkt. Die Arbeitshöhe kann je Sprossenhöhe angepasst werden. So sind Plattformhöhen von bis zu 3 400 mm möglich.

Denkbare Einsatzszenarien sind z. B. Zugunfälle (Arbeiten am Böschungsbereich), Einsätze mit Doppelstockbussen oder Gebäudeeinstürze (▶ Kapitel 10.10).

5.5 Rollgerüste und Einsatz-Gerüst-System des THW

Rollgerüste werden in der Regel auf befestigten Untergründen (z. B. in Hallen) verwendet. Zu beachten ist die Gesamthöhe und die Verwendung von Stützauslegern. Diese Gerüste sind für Rettungszwecke in der Regel ungeeignet, können aber bei bestimmten Aufgaben (z. B. bei der Dekontamination) sehr hilfreich sein (▶ Bild 27). Zu beachten ist die Zulassung als

Bild 27: ***Beispiel eines Rollgerüstes – hier zur Dekontamination von Fahrzeugen dargestellt***

Rollgerüst, die zulässige Tragfähigkeit sowie eine ausreichende Standfestigkeit.

Das Technische Hilfswerk (THW) hält ein Einsatz-Gerüst-System vor, das vielseitig einsetzbar ist (www.thw-egs.de). Es besteht aus mehreren Bausätzen und kann unter anderem für folgende Einsatzaufgaben zusammengestellt werden:

- Dreibock,
- Mastkran,
- Lastarm,
- Anschlagrahmen,
- Einspann-Ausleger,
- Delta-Ausleger,
- Türquerriegel,
- zur senkrechten und waagrechten Abstützung,
- Schnellrettungsgerüst,
- Arbeitsplattform,
- Lastausleger,
- Transportwagen,
- Deckenabstützung,
- Werkbank,
- Steg (freitragend bis 9 m),
- Hochwasserlaufsteg,
- Übungsturm,
- Desinfektionsschleuse,
- Greifzugportal.

6 Allgemeingültige Überlegungen zum Gebrauch und Vorgehen mit tragbaren Leitern

Grundsätzlich können tragbare Leitern

- zur schnellen Rettung von Personen,
- als Zugangsmöglichkeit an oder in Objekte oder
- zur technischen Hilfe

eingesetzt werden.

Der Einsatz der tragbaren Leitern lässt sich in vier Phasen aufteilen:

1. die Entnahme der Leiter vom Fahrzeug,
2. der Transport der Leiter zum Aufstellungsort,
3. das Aufstellen der Leiter,
4. das Besteigen der Leiter.

Von der jeweiligen Technik und Taktik ist es abhängig, wie schnell und sicher eine tragbare Leiter zur Menschenrettung vorgenommen werden kann.

Info:

In diesem Zusammenhang wird auf den Artikel von Trepesch/Kaufmann: »Ländervergleich europäischer Feuerwehren in Hammelburg« in BRANDSCHUTZ/Deutsche Feuerwehr-Zeitung 7/2006, S. 455 – 465, hingewiesen. Hier

wurde bei einer Standard-Einsatzsituation das unterschiedliche Vorgehen von Feuerwehren aus verschiedenen Ländern aufgezeigt. Auch wenn diese Betrachtung keine wissenschaftliche Studie darstellt, zeigt sie doch sehr eindeutig die Erfahrungen und vor allem Grenzen der verschiedenen Leitertypen bei einer Personenrettung auf.

Im Allgemeinen sind Schiebleitern beim Aufstellen und Anpassen an die erforderliche Einsatzhöhe die schnellsten und zuverlässigsten Leitern. Aus diesem Grund werden sie bei vielen Feuerwehren weltweit eingesetzt. Allerdings sind Schiebleitern oft unhandlich (besonders als zweiteilige Leitern), schwer (mehrteilige Leitern haben aufgrund der erforderlichen Überdeckung der einzelnen Leiterteile ein höheres Gewicht) oder anfällig in ihrer Mechanik (Fallhaken, Gleitführungen und Auszugmechanik).

In Deutschland ist nur eine dreiteilige Schiebleiter genormt, die relativ schwer und unhandlich ist. Sie setzt eine gewisse Übung im Umgang voraus und ist aus diesem Grund nicht gerade beliebt. Diese Leiter kann aber als einzige tragbare Rettungsleiter bis zum 3. Obergeschoss eingesetzt werden. Leichte und kürzere Schiebleitern – wie in anderen europäischen Ländern üblich – werden in Deutschland nicht verwendet.

Steckleitern sind robust und vielseitig verwendbar. Sie bieten gegenüber Schiebleitern die Möglichkeit, in beengten Situationen durch Unterbauen aufgestellt werden zu können. Allerdings haben sie den Nachteil, dass sie nur schlecht an die erforderliche Einsatzhöhe angepasst werden können (▶ Bild 28).

Bild 28: ***Beispiel eines Einsatzes der Steckleiter. Deutlich ist der zu flache Aufstellwinkel zu erkennen und dass die Leiter weit in das Fenster ragt. Andererseits wäre die Verwendung mit einem Leiterteil weniger nicht möglich gewesen, da der Untergrund im davorliegenden Beet zu weich war und die Leiter zu steil angestellt wäre.***

Die richtige Leiterlänge ist ohne Zweifel ein wichtiger Beitrag zur Sicherheit. Zu kurze Leitern (der Überstand sollte mindestens drei Sprossen bzw. etwa einen Meter betragen) verunsichern den Nutzer beim Übersteigen, wenn er sich nicht ausreichend festhalten kann. Zu lange Leitern erschweren z. B. den Einstieg in ein schmales Fenster – vor allem wenn Atemschutzgeräte angelegt sind. Eine sprossenweise Anpassung der Leiterlänge ist bei Steckleitern nicht möglich. Hier gibt es nur die Wahl zwischen einem Steckleiterteil (2,7 m), zwei Steckleiterteilen (4,6 m), drei Steckleiterteilen (6,5 m) oder vier Steckleiterteilen (8,4 m) und somit nur eine Variabilität von jeweils sieben (7) Sprossen.

Besondere Gefahren beim Einsatz der Steckleiter sind z. B.:

- Es können mehr als die vier zulässigen Steckleiterteile verwendet und damit eine Überlastung der Leiter herbeigeführt werden.
- Beim Gebrauch eines B-Teils als unterstes Steckleiterteil besteht bei Fehlen des Einsteckteils eine nicht unerhebliche Unfallgefahr beim Absteigen durch die beiden fehlenden Sprossen.
- Zumindest theoretisch kann die Steckleiter falschherum aufgestellt werden, wodurch die Standsicherheit gefährdet ist.

Alle beschriebenen Leitertypen sind in ihrem Transportmaß so lang, dass sie nur in Längsrichtung auf Fahrzeugen gelagert und transportiert werden können. Dies gilt auch für Steckleiterteile, die eine Länge von 2 700 mm haben. Im Gegensatz zu Schiebleitern sind Steckleiterteile manchmal aber auch direkt im Aufbau des Fahrzeugs verlastet. Der übliche Lagerungsort für tragbare Leitern ist nach wie vor das Dach des Fahrzeugs, auch wenn dies aus Sicht der Ergonomie und des Witterungsschutzes nachteilig ist. Eine sichere und schnelle Entnahme der tragbaren Leitern wird dadurch oft erheblich beeinträchtigt.

Außerhalb Deutschlands haben tragbare Leitern als Rettungsgeräte teilweise einen höheren Stellenwert. Hier haben die Vornahme durch eine oder zwei Personen sowie die schnelle Entnahme (meist auf einer Seite des Aufbaus) eine hohe Priorität, die sogar die Konstruktion der Fahrzeugaufbauten maßgeblich beeinflusst. Leiterentnahmehilfen bieten hier nur eine sichere Entnahme, schneller wird diese damit nicht.

7 Hinweise zum Transport und zur Lagerung von tragbaren Leitern

Für die Lagerung der tragbaren Leitern auf Feuerwehrfahrzeugen gibt es verschiedene Möglichkeiten, deren Vor- und Nachteile nachfolgend kurz dargestellt werden, da sie einen erheblichen Einfluss auf das Vorgehen mit tragbaren Leitern haben.

Grundsätzlich wird zwischen der Lagerung auf dem Dach des Aufbaus oder im Aufbau selbst unterschieden. Eine seitlich hängende Lagerung wie bei amerikanischen Feuerwehrfahrzeugen üblich, ist aufgrund der europäischen Bauweise nicht möglich und wird daher nicht weiter betrachtet.

Die Lagerung auf dem Dach eines Fahrzeugs wird durch die Bauweise der Mannschaftskabine und des Aufbaus beeinflusst. Bei Mannschaftskabinen, die eine Baueinheit mit der Fahrerkabine bilden, müssen die Leitern aufgrund der Länge in einem Gerüst über die Kabine geführt werden. Bei der Bauweise, bei der die Mannschaftskabine mit dem Geräteaufbau eine Baueinheit bildet, können die Leitern direkt auf dem Dach gelagert werden. In jedem Fall sollten die Leiterholme flächig aufliegen, um nicht auf Dauer durchzuhängen (Deformation der Holme) oder gar Kerben zu erhalten (durch punktartige Auflage, z. B. auf Rollen).

Bei Neufahrzeugen sind häufig Leiterentnahmehilfen anzutreffen. Aus Sicht des Autors ist dies dringend zu empfehlen, da die Entnahme dadurch deutlich ergonomischer erfolgen kann – nicht zuletzt aufgrund der gestiegenen Fahrzeughöhen. Zudem ist die Entnahme, insbesondere für den Maschinisten, damit sicherer. Trotzdem bestehen auch hier Gefahren, z. B. durch selbstständiges Ausgleiten nach hinten bei Hanglage oder Berühren einer stromführenden Oberleitung mit dem Leitergerüst. Man sollte unbedingt darauf achten, dass die Leiter auch bei einem Defekt des Schwenkmechanismus noch von Hand entnommen werden kann. Auf fremdkraftbetriebene Entnahmehilfen sollte man verzichten, auf Dachkästen unter der Leiterlagerung ebenso. Kurze Leitern, wie z. B. Multifunktionsleitern, können auch im Aufbau oder stehend zwischen Kabine und Aufbau gelagert werden, wenn das Beladekonzept und der Beladeumfang dies zulassen. Die Bilder 29 bis 38 zeigen verschiedene Möglichkeiten der Lagerung von tragbaren Leitern.

Bild 29: ***Klassische Lagerung der Steck- und der Schiebleiter in Leitergerüsten auf Fahrzeugen mit Gruppenkabine. Man beachte die unterschiedliche Gestaltung der Dachkästen sowie die Art der Lagerung der Leitern über der Kabine (oben frei hängend, unten in einem Schacht geführt).***

Bild 30: ***Steck- und Schiebleiter auf einer mechanischen Leiterentnahmehilfe. Man beachte den Überstand der Leitern über dem Fahrzeug.***

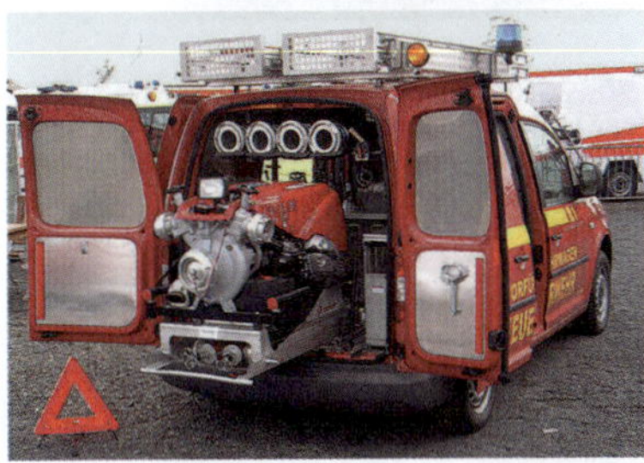

Bild 31: ***Bei kleinen Fahrzeugen mit kurzen Aufbauten (hier ein GW-TS) müssen die Steckleiterteile zwangsweise einzeln gelagert werden. Dies ist zwar zulässig, aber aus Gründen der schnellen Vornahme nicht zu empfehlen.***

Bild 32: ***Aus Gründen der Ergonomie hat die Lagerung der Leitern im Aufbau Vorteile, da sie direkt vom Boden aus entnommen werden können. Die Leitern sind so auch gegen Umwelteinflüsse geschützt.***

Bild 33: ***Beim Gerätewagen-Logistik und bei den typähnlichen Fahrzeugen des THW werden die Multifunktionsleitern häufig stehend zwischen der Kabine und dem Aufbau gelagert. Das hat in Bezug auf die Ergonomie bei der Entnahme erhebliche Vorteile und benötigt zudem keinen Platz auf dem Dach oder im Geräteraum.***

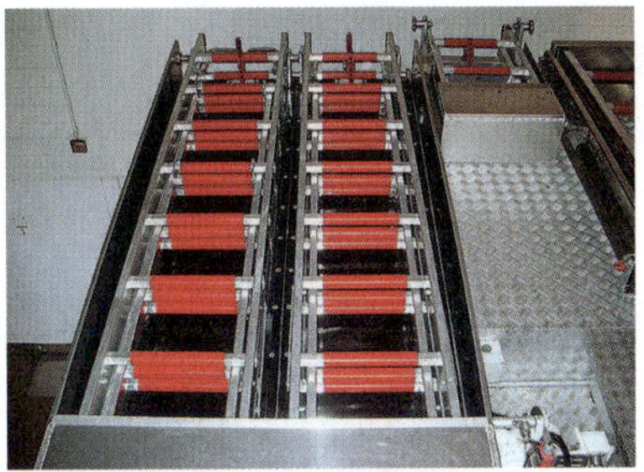

Bild 34: ***Zwei Multifunktionsleitern mit Verbindungsteil, einzeln gelagert zur sicheren Entnahme über eine Ladebordwand***

Bild 35: ***Lagerung von zwei Multifunktionsleitern auf einem Dachkasten. Die Leitern sollten mit dem Fußende nach hinten gelagert werden, um eine einfache Entnahme zu gewährleisten.***

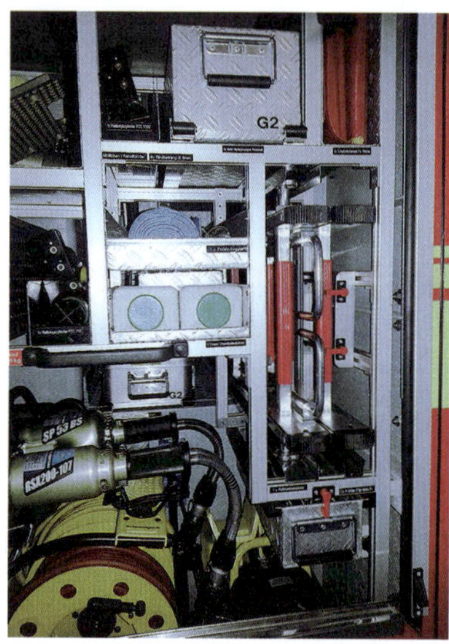

Bild 36: *Lagerung einer Multifunktionsleiter quer zur Fahrtrichtung im Aufbau, geeignet zur Entnahme durch eine Person. Bei der Gestaltung der Ladungssicherung sollte darauf geachtet werden, dass die Leiter von beiden Fahrzeugseiten entnommen werden kann.*

Bild 37: ***Anstelle der einzelnen Lagerung der Multifunktionsleitern ist auch, ähnlich der paarweisen Lagerung der Steckleitern, eine gestreckte Lagerung möglich.***

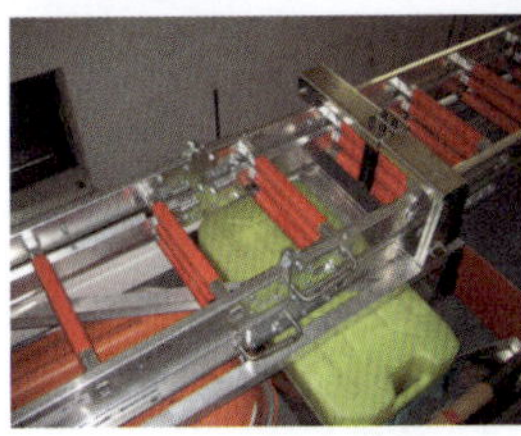

Bild 38: ***Es können auch zwei Multifunktionsleitern übereinander gelagert werden. Zu beachten ist dann, dass die Gelenkteile zu einem Verspannen der Leitern führen kann, der Überstand der Verriegelungselemente die Fahrzeuggesamthöhe beeinträchtigt und dass die Aufsteckteile auch entsprechend gelagert werden müssen.***

8 Genereller Umgang mit tragbaren Leitern im Feuerwehrdienst

Für das Einüben der Entnahme, den Transport und das Aufstellen der verschiedenen tragbaren Leitern sollte die Feuerwehr-Dienstvorschrift 10 »Die tragbaren Leitern« herangezogen werden. Es gibt aber einige Tipps und Hinweise aus der Praxis, die nachfolgend kurz beschrieben werden.

8.1 Besteigen von Leitern

Tragbare Leitern können im Passgang oder im Kreuzgang bestiegen werden. Grundsätzlich ist darauf zu achten, dass der Körper möglichst nah an der Leiter geführt wird. Die Hände umfassen beim Besteigen einer Leiter immer die Sprossen (nie die Holme) im Klammergriff. Das Aufschaukeln von Leiterbewegungen ist zu vermeiden.

Bild 39: ***Beim Besteigen einer Leiter greifen die Hände nur an den Sprossen, nie an den Holmen.***

8.1.1 Passgang

Der Passgang richtet sich nach der Körperseite: Eine Körperseite ist in Bewegung, die andere Seite ruht (▶ Bild 40). Das heißt, die linke Hand und der linke Fuß ruhen auf den Sprossen, während die rechte Hand und der rechte Fuß gleichzeitig in Bewegung sind und umgekehrt. Nachteil: Bei einer unkontrollierten Bewegung (z. B. Wegrutschen der Leiter oder Windstoß) kann die Person leicht das Gleichgewicht verlieren und sich über einen Holm seitlich wegdrehen.

Bild 40: ***Passgang – Hand und Fuß auf einer Seite in Bewegung (Quelle: Jochen Thorns)***

8.1.2 Kreuzgang

Beim Kreuzgang werden Fuß und Hand über Kreuz bewegt (▶ Bild 41). Das heißt, die linke Hand und der rechte Fuß ruhen auf den Sprossen, während die rechte Hand und der linke Fuß gleichzeitig in Bewegung sind und umgekehrt. In diesem Fall ist die Gefahr bei einer unkontrollierten Bewegung das Gleichgewicht zu verlieren etwas geringer. Sollte dies dennoch der Fall sein, fällt die Person eher auf die Leiter als auf die Seite.

Bild 41: ***Kreuzgang – Hand und Fuß über Kreuz in Bewegung (Quelle: Jochen Thorns)***

8.1.3 Hinweise zum Anleitern

Bei der Verwendung von tragbaren Leitern muss neben dem Untergrund (rutschsicher und tragfähig), auf dem die Leiter aufgestellt werden soll, auch dem Anleiterpunkt bzw. der Einstiegsituation eine besondere Aufmerksamkeit geschenkt werden. Beim Besteigen eines Flachdaches muss die Leiter überstehen, um sich beim Besteigen des Daches bzw. beim Absteigen auf die Leiter entsprechend festhalten zu können. Beim Einsteigen in ein Fenster ist darauf zu achten, dass man möglichst sicher von der Fensterbrüstung auf den Fußboden treten kann (▶ Kapitel 8.1.4).

Bild 42a: ***Die Leiter soll an Übersteigstellen mindestens drei Sprossen (= ein Meter) überstehen. An Einstiegsöffnungen ist die Leiter grundsätzlich bündig an eine Seite anzulegen.***

Bild 42b: ***Vor allem an schmalen Fenstern kann eine überstehende Leiter den vorhandenen Raum zum Ein- oder Aussteigen stark einengen. Wenn – wie hier durch den Fensterrahmen – andere gleichwertige Möglichkeiten zum Festhalten vorhanden sind, darf die Leiter auch ohne Überstand aufgestellt sein.***

8.1.4 Ein- und Aussteigen an Fenstern

Beim Ein- und Aussteigen von einer Leiter in oder aus einer Fensteröffnung setzt sich die Einsatzkraft zuerst auf die Brüstung der Öffnung (»Reitersitz«). Im Einsatz – vor allem bei schlechten Sichtverhältnissen und unbekannten Örtlichkeiten – ist damit zu rechnen, dass sich hinter dem Fenster Hindernisse befinden oder kein tragfähiger Fußboden vorhanden ist. Bevor eingestiegen wird, muss die Tragfähigkeit des Bodens deshalb durch Abtasten mit einem Fuß geprüft werden. Beim Ein-, Aus- und Übersteigen hält sich die Einsatzkraft an den Sprossen fest. Ist ein seitliches Einsteigen nicht möglich (z. B. in schmalen Fenstern), kann die Leiter auch seitlich am Fenster oder so angestellt werden, dass sie mindestens bis zur Unterkante des Fensters ragt. Hier muss dann über den Leiterkopf gestiegen werden. Beim seitlichen Einsteigen neben einem Fenster muss die Leiter durch zwei Feuerwehrangehörige gegen Verrutschen gesichert werden. Diese Methode sollte nur in Ausnahmefällen angewendet werden.

Bild 43a: ***Reitersitz beim Einsteigen in eine Fensteröffnung***

Bild 43b: ***Einsteigen ohne Leiterüberstand***

Achtung:

Auf Brüstungen von Wandöffnungen ist der Reitersitz einzunehmen. Niemals darf von der Brüstung des Gebäudes gesprungen werden. Vor einem Einstieg in ein Gebäude ist grundsätzlich der Boden durch Abtasten mit dem Fuß zu prüfen.

8.1.5 Aufstellen von Leitern ohne Festpunkt

Sollte es keine Möglichkeit geben, die Steckleiter oder die Multifunktionsleiter beim Aufrichten gegen einen Festpunkt zu schieben, muss die Leiter am Leiterfuß abgestützt werden. Dies kann durch einen Feuerwehrangehörigen erfolgen, der den Fuß auf die unterste Sprosse setzt oder durch zwei Feuerwehrangehörige, die die Holme sichern.

Bild 44a: ***Der Fuß des Feuerwehrangehörigen stützt die unterste Sprosse.***

Bild 44b: ***Zwei Feuerwehrangehörige sichern die Holme.***

8.2 Entnahme der Leitern vom Fahrzeug

Durch die mittlerweile weit verbreiteten Leiterentnahmehilfen auf den Löschfahrzeugen, kann dieser Vorgang nicht mehr allgemeingültig beschrieben werden. Grundsätzlich sollte der Maschinist immer Hilfestellung geben.

Wenn keine Entnahmehilfe vorhanden ist, muss der Maschinist auf das Fahrzeugdach steigen, die Leiter entsichern, zurückschieben und soweit abklappen, dass der »Fußleiterntrupp« die Leiter sicher greifen kann. Dann sollte er diese dem »Kopfleiterntrupp« entgegenreichen (▶ Bild 45).

Bild 45: ***Teamarbeit ist Grundvoraussetzung bei der Entnahme der Leitern vom Fahrzeug. (Quelle: Günzburger Steigtechnik)***

Bei der Leiterlagerung auf Entnahmehilfen besteht die Aufgabe des Maschinisten in der Bedienung des Mechanismus. Die Trupps müssen sich links und rechts von der abgesenkten Leiter aufstellen und diese aus der Halterung entnehmen (▶ Bild 46). Der Maschinist sollte die Leiterentnahmehilfe anschließend wieder auf das Fahrzeugdach verbringen, um die Unfallgefahr durch das Überstehen der Mechanik zu minimieren.

Bild 46: ***Deutlich leichter und sicherer ist die Entnahme der Leiter mittels Entnahmehilfe. (Quelle: Jochen Thorns)***

8.3 Transport der Leitern zur Aufstellfläche bzw. Anleiterstelle

Grundsätzlich sollen Leitern mit dem Fußteil voraus vom Fahrzeug an die Aufstellfläche getragen werden. Nach dem Abbau werden die Leitern mit dem Kopfteil voraus zum Fahrzeug zurückgetragen. Steck-, Schieb- und Multifunktionsleitern sollten immer von vier Personen getragen werden. Ausnahmen sind bei der Steck- und der Multifunktionsleiter möglich, wenn diese der Einsatzsituation entsprechend (z. B. in Gebäuden über Treppen oder über unbefestigten Untergrund) in Einzelteilen getragen werden.

8.3.1 Schiebleiter

Die dreiteilige Schiebleiter muss grundsätzlich von vier Personen getragen und möglichst durch fünf Personen (Gruppenführer erteilt Kommandos und unterstützt notfalls beim Ausziehen der Leiter) aufgestellt bzw. ausgezogen werden (▶ Bild 47).

Bild 47: ***Trageweise einer dreiteiligen Schiebleiter (oder einer vierteiligen Steckleiter) durch vier Feuerwehrangehörige (Quelle: Jochen Thorns)***

8.3.2 Steckleiter

Die vierteilige Steckleiter lässt sich in einzelne Teile zerlegt durch je einen Feuerwehrangehörigen oder je zwei Teile zusammengesteckt und aufeinander gelegt durch möglichst vier (mindestens drei) Feuerwehrangehörige tragen. Dabei gibt es zwei Trageweisen:

1. Zwei Feuerwehrangehörige stehen am Fahrzeug und übernehmen den Leiterkopf, ein Feuerwehrangehöriger übernimmt den Leiterfuß. Zum Transport muss sich diese Person umdrehen und die Holme links und rechts nehmen (▶ Bild 48). Aus Gründen der Sicherheit kann die Person die Leiter auch am Leiterfuß seitlich an einem Holm nehmen,

Bild 48: ***Trageweise einer vierteiligen Steckleiter durch drei Feuerwehrangehörige. Empfohlen wird die Trageweise durch den einzelnen Feuerwehrangehörigen seitlich, um bei einem Stolpern die Unfallgefahr zu minimieren. (Quelle: Jochen Thorns)***

um im Fall des Stolperns nicht unter die Leiter zu geraten (▶ Bild 49).

2. Ein Feuerwehrangehöriger steht am Fahrzeug und übernimmt den Leiterkopf, zwei Feuerwehrangehörige übernehmen den Leiterfuß.

Bild 49: ***Empfohlene Trageweise nach FwDV 10 einer vierteiligen Steckleiter durch drei Feuerwehrangehörige. (Quelle: Jochen Thorns)***

Innerhalb der Feuerwehr sollte nur eine Trageweise eingesetzt werden, um keine Irrtümer zu erzeugen. Der Vorteil der zweiten Methode ist, dass der einzelne Feuerwehrangehörige nicht umgreifen muss und bei einem eventuellen Stolpern nicht von der Leiter »überrannt« werden kann. Das Ablegen, Übernehmen der beiden oberen Steckleiterteile und Zusammenstecken ist zudem einfacher zu bewerkstelligen, da am Leiterfuß bereits zwei Feuerwehrangehörige stehen, die zum Verriegeln der Sperrbolzen keine neue Position einnehmen müssen.

8.3.3 Multifunktionsleiter

Die Multifunktionsleiter kann in besonderen Fällen auch von je einem Feuerwehrangehörigen getragen werden. In jedem Fall sollte das Aufrichten durch mindestens drei bis vier Feuerwehrangehörige erfolgen. Zweckmäßig ist der Transport der Leiter am gestreckten Arm (Griff an der untersten Sprosse des Leiterpaketes) oder in besonderen Fällen auf der Schulter (▶ Bilder 50 und 51).

Hinweis:

Bei der Aufstellung der Feuerwehrangehörigen hinter dem Fahrzeug auf die Größe achten: »große Personen am Fahrzeug, kleine Personen dahinter«.

Bild 50: ***Tragen von einzelnen Steckleiterteilen oder einer Multifunktionsleiter (hier dargestellt) durch einen Feuerwehr-angehörigen***

Bild 51: ***Tragen der Multifunktionsleiter im Untergriff durch zwei Feuerwehrangehörige (Quelle: Jochen Thorns)***

Eine Trageweise, bei der zwei Feuerwehrangehörige auf verschiedenen Seiten der Leiter laufen, ist auch möglich, hat aber einige Nachteile:

1. Die Leiter kann nicht auf einer Seite abgelegt werden.
2. Beim Gehen über eine Treppe kann sich nur ein Feuerwehrangehöriger am Geländer festhalten.
3. Bei beengten Platzverhältnissen oder an Hanglagen (z. B. auf Baustellen oder an Gruben) besteht für einen Feuerwehrangehörigen immer eine erhöhte Absturzgefahr bzw. die Gefahr, bei einem Sturz unter die Leiter zu geraten.

8.4 Anstellen und Gebrauch der Leitern an der Anleiterstelle

8.4.1 Kurzanleitung Schiebleiter

Aufrichten

Bild 52a: ***Die Schiebleiter wird von vier Feuerwehrangehörigen (an den Sprossen gefasst, mit gestreckten Armen und dem Leiterfuß voraus) zur Aufstellfläche getragen.***

Bild 52b: ***Sie wird unterhalb der Einstiegsöffnung abgelegt. Der Abstand des unteren Endes der Leiter zum Objekt richtet sich nach der Einsatzhöhe.***

Bild 52c: *Die Halteriemen der Stützstangen werden gelöst.*

Bild 52d: *Zwei Feuerwehrangehörige nehmen die Stützstangen auf und sichern den Leiterfuß. Zwei weitere Feuerwehrangehörige am Leiterkopf richten die Leiter auf, wobei die beiden Personen an den Stützstangen das Aufrichten durch Ziehen unterstützen.*

Bild 52e: ***Die Schiebleiter wird mit leichter Neigung zur Anlegestelle hin aufgestellt.***

Bild 52f: ***Die beiden Feuerwehrangehörigen an den Stützstangen sichern die Leiter. Ein Feuerwehrangehöriger tritt vor die Leiter und achtet auf den sicheren Stand des Leiterfußes. Hierzu wird der Fuß auf die untere Sprosse gesetzt und die Leiter außen an den Holmen gefasst. Diese Person überwacht gleichzeitig das Ausziehen der Leiter.***

Bild 52g: ***Der vierte Feuerwehrangehörige löst das Zugseil und zieht die Leiter auf die erforderliche Höhe aus. Um die Leiter in der gewünschten Höhe zu fixieren, müssen die Fallhaken über die jeweilige Sprosse der Leiter gezogen werden. Die Leiter lässt man langsam zusammenfahren (= zurückgleiten) bis die Fallhaken hörbar auf den Sprossen zum Aufliegen kommen. Anschließend wird geprüft, ob alle Fallhaken ordnungsgemäß aufliegen.***

Bild 52h: ***Nach dem Ausziehvorgang wird das Zugseil entlastet und vorzugsweise mittels Mastwurf an einer Sprosse gesichert.***

Bild 52i: ***Der Leiterkopf wird an einem festen Stützpunkt angelegt, und die Stützstangen sind seitlich so auszurichten, dass ein übermäßiges Durchbiegen oder ein seitliches Verschieben der Leiter vermieden wird.***

Bild 52j: ***Die beiden Stützstangen und der Leiterfuß werden jeweils von einem Feuerwehrangehörigen gesichert. Die Schiebleiter ist steigbereit. (Quelle Bilder 52a bis 52j: Jochen Thorns)***

Achtung:

Immer nur mit einer Stützstange nachdrücken bzw. nachlassen, nie mit beiden Stützstangen gleichzeitig!

Besonderer Hinweis:

Um den Abstand zum Ablegen der Schiebleiter (der Abstand des Leiterfußes zum Gebäude ist dabei entscheidend) vor dem Gebäude besser abschätzen zu können, sind nachfolgende Faustwerte hilfreich:
Erstes Obergeschoß: ca. 1,5 m
Zweites Obergeschoß: ca. 3,0 m
Drittes Obergeschoß: ca. 4,5 m

Einfahren

Zum Einfahren der Schiebleiter wird diese wieder in ihre nahezu senkrechte Stellung gebracht. Die Feuerwehrangehörigen an den Stützstangen und am Leiterfuß sichern die Leiter gegen Umfallen. Das Zugseil wird von den Sprossen gelöst. Anschließend wird die Leiter so weit ausgezogen bis die Schlepphaken der Auslösevorrichtung über die Sprossen gelangen. Kontrollieren Sie, dass dies bei beiden ausschiebbaren Leiterteilen der Fall ist. Danach lässt man die Schiebleiter langsam zusammenfahren (= zurückgleiten). Damit die Seilbremse nicht ungewollt einbremst, muss das Zugseil leicht schräg nach innen von der Leiter weggehalten werden. Die Leiter nun langsam ablassen und einfahren.

Achtung:

Während des Zusammenfahrens mit den Händen zur Sicherung nur an die Holme greifen. Es besteht Quetschgefahr!

Durch zu schnelles Einfahren können die Führungen beschädigt werden. Beim Umlegen der Leiter sichern die Feuerwehrangehörigen an den Stützstangen auch den Leiterfuß, indem sie je einen Fuß auf die unterste Sprosse der Leiter setzen. Die beiden anderen Feuerwehrangehörigen treten vor die Leiter und senken diese langsam ab. (Hinweis: Nur an den Holmen entlang greifen.) Zum Schluss werden die Stützstangen aufgelegt und gesichert sowie das Zugseil an den Sprossen festgelegt. Die Schiebleiter wird von vier Feuerwehrangehörigen am gestreckten Arm aufgenommen und mit dem Leiterkopf voraus zum Fahrzeug getragen.

8.4.2 Kurzanleitung Steckleiter

Aufrichten

Hinweis:

Nach Feuerwehr-Dienstvorschrift 10 »Die tragbaren Leitern« kann die Steckleiter durch drei oder vier Feuerwehrangehörige vorgenommen werden. Da die Vornahme in der Praxis meist durch drei Feuerwehrangehörige erfolgt, wird im Folgenden nur diese Vorgehensweise dargestellt.

Bild 53a: ***Die Steckleiter wird von drei Feuerwehrangehörigen – einem Trupp und dem Melder – (an den Sprossen gefasst, mit gestreckten Armen und dem Leiterfuß voraus) zur Aufstellfläche getragen.***

Bild 53b: ***Sie wird unterhalb der Einstiegsöffnung abgelegt.***

Bild 53c: *Die beiden oberen Leiterteile werden aufgenommen und bis zum Kopfende der darunter liegenden Leiterteile zurückgenommen.*

Bild 53d: *Um die Leiterteile zusammen zu stecken, halten zwei Feuerwehrangehörige die unteren Leiterteile an der Sprosse mit einer Hand hoch und betätigen mit der anderen Hand den Federbolzen der oberen Leiter. Der einzelne Feuerwehrangehörige schiebt die Leiterteile zusammen.*

Bild 53e: *Danach wird durch Ziehen der Leiterteile der korrekte Sitz der Federbolzen geprüft.*

Bild 53f: *Die zusammengesteckte Leiter wird an die Wand des Objektes geschoben.*

Bild 53g: *Wenn nur drei Leiterteile benötigt werden, wird das oberste Leiterteil durch Lösen der Federbolzen abgenommen und zur Seite gelegt. Ein Feuerwehrangehöriger am Leiterfuß sichert die Leiter, indem er einen Fuß auf den unteren Leiterholm setzt und die Leiter außen an den Sprossen greift. Die beiden Feuerwehrangehörigen am Leiterkopf richten die Leiter durch Übergreifen an den Holmen auf.*

Bild 53h: ***Der einzelne Feuerwehrangehörige unterstützt durch Ziehen an den Sprossen. Anschließend wird die Steckleiter ausgerichtet.***

Bild 53i: ***Am Leiterfuß wird sie durch mindestens einen Feuerwehrangehörigen gesichert. Die Steckleiter ist steigbereit. (Quelle Bilder 53a bis 53i: Jochen Thorns)***

8.4.3 Kurzanleitung Steckleiter (unterbauen)

Muss die Steckleiter auf engem Raum aufgestellt werden, kann dies durch Untersetzen bzw. Unterbauen geschehen. Dabei empfiehlt es sich, die Steckleiter bereits in Einzelteilen an die Aufstellfläche zu transportieren. Zwei Feuerwehrangehörige heben das Leiterteil an den Federbolzen und den Holmen hoch und legen dieses möglichst schräg an das Objekt an. Ein dritter Feuerwehrangehöriger schiebt nun ein weiteres Leiterteil von unten in die Steckkästen der hochgeschobenen Leiter ein (▶ Bild 54). Auf das Einrasten der Federbolzen ist zu achten. In gleicher Weise kann das dritte und vierte Steckleiterteil unterbaut werden.

Bild 54: ***Zum Unterbauen muss die Steckleiter durch zwei Feuerwehrangehörige an den Federsperrbolzen angehoben werden. Ein weiterer Feuerwehrangehöriger schiebt das nächste Steckleiterteil von unten ein. (Achtung: Nur an den Federsperrbolzen halten, sonst besteht Quetschgefahr!)***

8.4.4 Kurzanleitung Steckleiter (als Bockleiter)

Es gibt zwei Möglichkeiten, aus einer Steckleiter eine Bockleiter zu erstellen:

Mittels eines Steckleiter-Verbindungsteils kann eine symmetrische Bockleiter erstellt werden (vgl. ▶Bild 2). Dabei sollten nicht mehr als zwei einzelne Steckleiterteile miteinander verbunden werden. Nur in Ausnahmefällen und ohne große Belastung können auch zwei Steckleiterteile auf jeder Seite eingesetzt werden. Diese müssen aber unbedingt durch Leinen gegen Wegrutschen oder Kippen gesichert werden. Als Leiterbock mit Seilzug zur Schachtrettung wird diese Kombination nicht empfohlen, da die Belastung ausschließlich auf den Steckkästen aufliegt.

Bild 55: ***Bockleiter aus Steckleiterteilen, durch Leinen oder Stricke gesichert***

Sollte kein Verbindungsteil vorhanden sein, kann eine Bockleiter auch durch Ineinanderlegen von Leiterkopf und Leiterfuß von Steckleiterteilen oder -paaren erstellt werden. Dabei sollten die Holme durch jeweils einen Mastwurf und die Leiterfüße durch einen Leinenverbund gesichert werden, um ein Auseinandergleiten der Leitern zu verhindern (▶ Bild 55).

8.4.5 Kurzanleitung Multifunktionsleiter (als zwei- und dreiteilige Anstellleiter, bedient durch zwei Feuerwehrangehörige)

Hinweis:

Nach Feuerwehr-Dienstvorschrift 10 mit Stand 2019 »Die tragbaren Leitern« soll eine einzelne Multifunktionsleiter in Analogie zur Steckleiter durch drei und die Vornahme von zwei Multifunktionsleitern durch vier Feuerwehrangehörige vorgenommen werden. Hier wird ausdrücklich auf die FwDV 10 verwiesen. Da die Vornahme in der Praxis seit vielen Jahren in einschlägiger Literatur auch durch einen oder zwei Feuerwehrangehörige erfolgen kann, wird im Folgenden nur diese Vorgehensweise dargestellt, um diese Möglichkeit bei besonderen Lagen oder Personalknappheit zu zeigen.

Bild 56a: ***Die Multifunktionsleiter wird von zwei Feuerwehrangehörigen (durch Greifen an den Holmen mit gestrecktem Arm) zur Aufstellfläche getragen. Sie wird unterhalb der Einstiegsöffnung abgelegt, die eingeklappten Haken sollen oben sein.***

Bild 56b: ***Die Federbolzen rechts und links am Leiterende werden von einem Feuerwehrangehörigen nach außen gezogen und arretiert, während der andere Feuerwehrangehörige die Gelenkverriegelungen öffnet.***

Bild 56c: ***Ein Feuerwehrangehöriger klappt das Leiterteil auf. Anschließend stützt ein Feuerwehrangehöriger die Leiter am Leiterkopf, während der zweite Feuerwehrangehörige die Leiter an den Sprossen greifend anhebt und die Gelenkverriegelungen auf beiden Seiten der Leiter verriegelt. Auf korrektes Einrasten ist zu achten.***

Achtung:

Es besteht Quetschgefahr zwischen den Scharnieren!

Bild 56d: ***Das eingesteckte Aufsteckteil wird entnommen und zur Seite gelegt oder im Bedarfsfall aufgesteckt. Dabei müssen alle vier Einsteckhaken auf den Sprossen der Multifunktionsleiter sicher aufgesteckt sein. Anschließend die Abhebesicherung auf Einrasten überprüfen.***

Bild 56e: ***Die Leiter wird nun an das Objekt geschoben. Ein Feuerwehrangehöriger sichert die Leiter am Leiterfuß, während der zweite Feuerwehrangehörige die Leiter aufrichtet.***

Bild 56f: *Nach Ausrichten der Leiter und Prüfung des Anstellwinkels kann diese bestiegen werden. Dabei wird die Leiter von mindestens einem Feuerwehrangehörigen am Leiterfuß gesichert. (Quelle Bilder 56a bis 56f: Jochen Thorns)*

Hinweis:

Da die Multifunktionsleiter eine symmetrische Leiter ist, kann sie als einzelne Leiter beliebig aufgestellt werden. Das heißt, es spielt keine Rolle, ob die Einhängehaken oben oder unten sind oder ob die Federsperrbolzen zum Objekt zeigen oder davon abgewandt sind.

8.4.6 Kurzanleitung Multifunktionsleiter (als zwei- und dreiteilige Anstellleiter, bedient durch einen Feuerwehrangehörigen)

Teilweise bestehen Befürchtungen, dass die Multifunktionsleiter zu kompliziert im Umgang sei, was zu Fehlbedienungen führen könnte. Mit etwas Übung kann sie jedoch eigentlich nicht falsch bedient werden, da z. B. nicht – wie bei der

Steckleiter theoretisch möglich – unendlich viele Teile zusammengesetzt werden können. Zudem kann die Multifunktionsleiter – anders als die Steckleiter – in beiden Richtungen aufgestellt werden.

Die Multifunktionsleiter kann in fast jeder Situation (ausgenommen beim Unterbauen in einem Schacht) durch nur eine Einsatzkraft vorgenommen werden. Dieser Ablauf wird nachfolgend dargestellt. Zu bedenken ist allerdings, dass dabei Kraft und Geschick erforderlich sind, um alle Bewegungsabläufe flüssig ausführen zu können. Es muss also geübt werden!

Diese Methode kann z. B. bei einer Anleiterbereitschaft auch von einem Maschinisten oder Melder alleine durchgeführt werden.

Bild 57a: ***Dabei wird die Multifunktionsleiter auf der Schulter zur Anleiterstelle getragen und dort unterhalb der Einstiegsöffnung aufgestellt – nicht abgelegt. Hier unterscheidet sich der Ablauf gegenüber der Vornahme durch zwei Einsatzkräfte.***

Bild 57b: ***Die Federbolzen rechts und links am Leiterende werden nach außen gezogen und arretiert.***

Bild 57c: ***Danach wird die Multifunktionsleiter auseinandergeklappt, die Gelenkverriegelungen am Gelenkteil werden geöffnet.***

Bild 57d: ***Das Aufsteckteil wird aus der Transportstellung entnommen und bei Nichtgebrauch seitlich abgelegt. Sollte erkennbar sein, dass die Leiterlänge nicht ausreicht, kann das Aufsteckteil gleich aufgesteckt werden. Wenn die Multifunktionsleiter verlängert werden muss, nimmt der Bediener das Aufsteckteil in eine Hand, während er mit der anderen Hand die Multifunktionsleiter (Greifen an der vierten Sprosse von unten) auseinanderklappt. Entsprechend der erforderlichen Leiterlänge kann nun das Aufsteckteil aufgesteckt werden.***

Bild 57e: ***Die Multifunktionsleiter wird nicht auf den Boden abgelegt, sondern der Bediener greift um und arretiert die Gelenkverriegelungen mit der anderen Hand.***

Bild 57f: ***Danach greift er in dieser Position unter die Leiter und richtet diese auf. (Quelle Bilder 57a bis 57f: Jochen Thorns)***

Auch die Multifunktionsleiter muss gegen Wegrutschen oder Kippen gesichert werden. Eine Möglichkeit besteht darin, dass die Haken in die Fensterleibung eingehakt werden. So kann die Leiter seitlich nicht mehr wegrutschen. Dennoch empfiehlt sich eine zusätzliche Leinensicherung.

Die Leiter sollte grundsätzlich seitlich an der Fensterbrüstung platziert werden, um eine möglichst große Einstiegsöffnung zu erhalten (▶ Bild 58). Ob die Leiter ins Fenster eingeschoben oder nur an die Brüstung angelegt wird, bestimmt die jeweilige Einsatzsituation. Mit dem Aufsteckteil kann dies auch nachträglich erfolgen.

Bild 58: ***Seitliches Platzieren an der Fensterbrüstung***

8.4.7 Kurzanleitung Multifunktionsleiter (als vier- und fünfteilige Anstellleiter)

Zwei (dreiteilige) Multifunktionsleitern werden entweder einzeln (wie oben beschrieben) oder aufeinanderliegend durch vier Feuerwehrangehörige (Greifen an den untersten Sprossen) am gestreckten Arm zur Anleiterstelle getragen.

Bild 59a: ***Sie werden dort – wie bereits beschrieben – aufgebaut.***

Bild 59b: ***Eine Multifunktionsleiter wird mit der Hakenseite zum Objekt abgelegt. Die Federbolzen sind dabei nach oben gerichtet. Die zweite Multifunktionsleiter wird von einem Feuerwehrangehörigen aufgenommen und vor der ersten Leiter abgelegt. Dabei ist die Hakenseite vom Objekt abgewandt und die Federbolzen sind nach unten gerichtet.***

Bild 59c: ***Die vordere Leiter wird bis zur benötigten Leiterlänge zurückgenommen und über der liegenden Leiter abgesenkt, bis sie auf dieser aufliegt.***

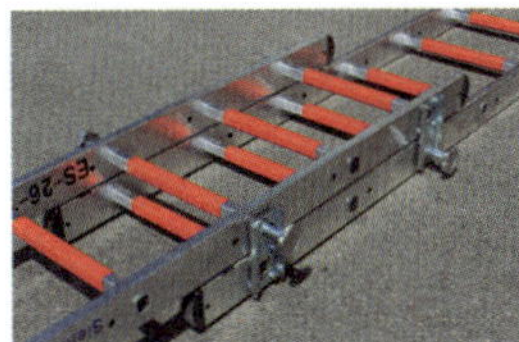

Bild 59d: ***Alle vier Federbolzen werden in die äußeren Sprossenlöcher eingerastet und auf festen Sitz geprüft. Dabei müssen mindestens drei Sprossen überlappen.***

Bild 59e: ***Entsprechend der erforderlichen Leiterlänge kann nun ein Aufsteckteil aufgesteckt werden. Dabei müssen alle vier Einsteckhaken auf den Sprossen der Multifunktionsleiter sicher aufgesteckt sein. Anschließend die Abhebesicherung auf Einrasten überprüfen. Die Leiter wird an das Objekt geschoben und durch zwei Feuerwehrangehörige***

am Leiterfuß gesichert. Hierzu wird ein Fuß auf die unteren Leiterholme gesetzt und die Leiter außen an den Holmen festgehalten.

Bild 59 f: ***Die beiden Feuerwehrangehörigen am Leiterkopf richten die Leiter auf, die beiden anderen am Leiterfuß unterstützen durch Ziehen. Im Notfall kann das Aufrichten der Leiter auch durch zwei Feuerwehrangehörige alleine erfolgen, wenn der Drehpunkt am Leiterfuß gesichert ist. Nach dem Ausrichten der Leiter kann diese bestiegen werden. Dabei wird sie von mindestens einem Feuerwehrangehörigen gesichert. (Quelle Bilder 59a bis 59f: Jochen Thorns)***

Hinweis

Es empfiehlt sich, die Leiter so aufzustellen, dass absteigende Personen im Bereich der Leiterverbindung auf die erste Sprosse der Unterleiter steigen.

8.4.8 Kurzanleitung Multifunktionsleiter (als Einhängeleiter)

Die Multifunktionsleiter ist als Einhängeleiter zugelassen und bietet somit bei Balkonen oder Brückengeländern eine sichere Möglichkeit zum Anleitern. Dabei ist allerdings zu beachten, dass die Leiter dann nur noch mit 150 kg belastet werden darf. Auch können zwei Multifunktionsleitern zu einer langen Einhängeleiter kombiniert werden. Ebenso ist eine Verwendung als Einhängeleiter auf schrägen Flächen und Dächern möglich.

Der Transport und Aufbau der Multifunktionsleiter erfolgen wie bereits beschrieben. Durch Drücken der Haken gegen die

Federkraft zur Sprosse können diese entriegelt und jeweils um 90° gedreht werden (▶ Bild 60). Es ist zu prüfen, ob der Arretierbolzen in der Haltenut eingerastet ist. Bei der Verwendung als Einhängeleiter müssen die Haken in dieselbe Richtung gedreht werden, in der sich auch die Federbolzen-Verschlusselemente befinden. Diese dienen als Abstandshalter zur Wand (▶ Bild 61).

Hinweis

Die Leiter muss mit beiden Haken am Geländer eingehängt werden (▶ Bild 62). Die Aufsteckleiter kann oben in die Leiter eingesteckt werden, um den Überstieg zu erleichtern. Die Leiter darf in diesem Zustand nur von einer Person bestiegen werden.

Bild 60: ***Haken entgegen der Sprosse ausklappen.***

Bild 61: *Das Verschlusselement am Leiterfuß dient gegebenenfalls als Abstandshalter zur Wand.*

Bild 62: *Beide Haken müssen sicher im Geländer eingehängt sein.*

8.4.9 Kurzanleitung Multifunktionsleiter (als Dachleiter)

Die Multifunktionsleiter kann als Dachleiter eingesetzt werden, indem sie an Vorsprüngen, Dachfirsten oder Querbalken eingehängt wird. Bei einem Satteldach kann das Aufsteckteil auf der anderen Seite des Dachfirstes als »Gegenleiter« verwendet werden, wobei durch Schwenken eine Anpassung an die Dachneigung erfolgt. Mittels einer Leine oder eines speziellen Abstandhalters wird die Leiter gegen unbeabsichtigtes Aufklappen gesichert.

Der Transport und Aufbau der Multifunktionsleiter erfolgen wie bereits beschrieben. Durch Drücken der Haken gegen die Federkraft zur Sprosse können diese entriegelt und jeweils um 90 ° gedreht werden. Es ist zu prüfen, ob der Arretierbolzen in der Haltenut eingerastet ist. Bei der Verwendung als Dachleiter müssen die Haken in die entgegengesetzte Richtung gedreht werden, in der sich die Federbolzen-Verschlusselemente befinden. Die Leiter wird flächig auf das Dach gelegt, um eine möglichst gute Lastverteilung zu erreichen (▶ Kapitel 10.16).

8.4.10 Kurzanleitung Multifunktionsleiter (als Stehleiter)

Nach Ablage der Leiter müssen die Federbolzen nach oben zeigen. Sie sind rechts und links nach außen zu ziehen und zu arretieren. Anschließend wird die Leiter aufgerichtet, die Leiterteile werden aufgeklappt (▶ Bild 63). Die Klappstreben links und rechts am Leitergelenk werden durch Betätigen der

Federsperrbolzen am Leiterholm gegenüber eingehängt (Hinweis: Durch Drücken der Federsperrbolzen an der Holminnenseite können diese betätigt werden). Es ist darauf zu achten, dass der Senkkopf des Federsperrbolzens in die Senkung der Klappstrebe eingreift (▶ Bild 64). Anschließend wird die Leiter

Bild 63: ***Nach dem Öffnen der Verschlussbolzen wird die Leiter aufgeklappt. (Quelle: Günzburger Steigtechnik)***

aufgestellt und gegebenenfalls durch das Aufsteckteil verlängert. Die Abhebesicherung ist auf Einrasten zu prüfen. Die Leiter muss durch mindestens einen Feuerwehrangehörigen am Leiterfuß oder durch die Fußverbreiterung gesichert werden.

Bild 64: ***Die Spreizsicherung wird auf beiden Seiten eingehängt. (Quelle: Günzburger Steigtechnik)***

8.4.11 Kurzanleitung Multifunktionsleiter (als Schachtleiter)

Bild 65a: *Zwei Feuerwehrangehörige tragen die Leiter an den Einsatzort. Sie wird vor dem Objekt mit den Scharnieren zur Wand und den Haken nach oben abgelegt, die Federbolzen am Leiterende werden nach außen gezogen und arretiert. Die Leiter wird aufgeklappt.*

Bild 65b: *Wenn das Aufsteckteil nicht benötigt wird, entnimmt es ein Feuerwehrangehöriger und legt es außerhalb ab. Durch zwei Feuerwehrangehörige wird die Multifunktionsleiter an der Schachtwand schräg angelegt und nach oben geschoben.*

Bild 65c: ***Die Leiter wird ganz aufgeklappt. Beide Feuerwehrangehörige halten die Unterleiter an den Sprossen, während sie mit der anderen Hand die Scharnierverschlüsse rechts und links betätigen. Die Verschlüsse müssen ganz eingesteckt sein.***

Bild 65d: ***Ist die Leiterlänge nicht ausreichend, können zwei Multifunktionsleitern miteinander verbunden werden. Dazu wird die zweite Multifunktionsleiter vor dem Objekt mit den Scharnieren zur Wand und den Haken nach unten abgelegt. Die Federbolzen am Leiterfuß zeigen jetzt nach unten, werden nach außen gezogen und arretiert. Ein Feuerwehrangehöriger klappt die Leiter auf. Wenn das Aufsteckteil nicht benötigt wird, entnimmt es der zweite Feuerwehrangehörige und legt es außerhalb ab.***

Bild 65e: ***Die erste Leiter wird gewendet, sodass die Federbolzen zur Wand zeigen. Sie wird von zwei Feuerwehrangehörigen an den Seitenholmen und den Federbolzen gegriffen und hochgeschoben. Ein weiterer Feuerwehrangehöriger klappt die zweite Leiter auf und lehnt das aufgeklappte Leiterteil an das Objekt. Die erste Leiter wird bis zur benötigten Leiterlänge zurückgenommen und über das aufgeklappte Leiterteil so lange abgesenkt bis die Holme aufliegen. Alle vier Federbolzen werden in die äußeren Sprossenlöcher eingerastet und auf festen Sitz geprüft. (Hinweis: Mindestens drei Sprossen müssen überlappen).***

Bild 65f: ***Die Leitern werden durch zwei Feuerwehrangehörige weiter hochgehoben. Dabei halten sie die Unterleiter an den Sprossen, während sie mit der anderen Hand die Scharnierverschlüsse rechts und links betätigen.***

Bild 65g: ***Die Verschlüsse müssen ganz eingesteckt sein. Die Leiter wird im Schacht ausgerichtet und durch mindestens einen Feuerwehrangehörigen am Leiterfuß gesichert. Die Multifunktionsleiter ist jetzt steigbereit. (Quelle Bilder 65a bis 65g: Victor Krause)***

8.4.12 Kurzanleitung Teleskopleiter

Ein Feuerwehrangehöriger trägt die Teleskopleiter im Untergriff an den Aufstellort. Beim Auseinanderziehen der Leiter ist auf den festen Sitz der Verriegelung zu achten. Das Aufstellen und Sichern erfolgt wie bei den anderen Anlegeleitern (▶ Bild 66).

Bild 66: ***Ausgezogene Teleskopleiter (hier ohne Holmauszug am Leiterkopf)***

9 Allgemeine Grundkenntnisse

Zum sicheren Gebrauch von tragbaren Leitern im Feuerwehrdienst ist auch der Umgang mit Leinen, z. B. der Feuerwehrleine oder Bindestricken, unabdingbar. Ob als Sicherung am Leiterkopf oder als Halteleine beim Leiterhebel: Die Verwendung von Leinen ist fast immer gegeben. Ob die Leinen zum Aufziehen von Geräten oder als Verbindungs-, Sicherungs- und Führungsleinen Verwendung finden, ist egal. Die Knotentechnik dazu muss sicher beherrscht werden. Der gestochene oder gelegte Mastwurf ist fast immer anwendbar. Sollte eine spezielle Knotentechnik erforderlich sein, wird nachfolgend explizit darauf hingewiesen.

Da gewisse Techniken Voraussetzung sind und im ▶ Kapitel 10 »Spezieller Einsatz von tragbaren Leitern« immer wieder benötigt werden, sollen sie zur besseren Übersicht kurz als allgemeine Grundkenntnisse vermittelt werden. Somit lassen sich diese Grundkenntnisse auch als eigene Lerneinheiten einüben.

9.1 Festlegen einer Leine an eine Leiter

Ob zum Aufziehen, zum Ablassen oder zum Sichern von Leitern – das Anschlagen der Leinen sollte immer an den Holmen zwischen zwei Sprossen mittels Mastwurf und durch zusätzlichen Halbschlag auf der abgehenden Leine erfolgen (▶ Bild 67). Ausnahme: Anschlagen des Zugseils der Schiebleiter, dieses wird mit einem Mastwurf um eine Sprosse eingebunden.

Bild 67: ***Das Anschlagen von Leinen sollte immer an den Holmen zwischen zwei Sprossen erfolgen.***

9.2 Sichern der Leiter gegen Umfallen oder Wegrutschen

Das Sichern der Leiter gegen Umfallen oder Wegrutschen wird anhand der Bilder 68 bis 72 dargestellt.

Bild 68: ***Sichern durch Festbinden am Leiterkopf. Die Leine sollte möglichst straffgezogen sein.***

Bild 69: ***Sichern einer Leiter durch Anschlagen z. B. an einem Geländer mit Mastwurf und Spierenstich (Quelle: Jochen Thorns)***

Bild 70: ***Sichern durch Festhalten am Leiterfuß durch einen Feuerwehrangehörigen (Quelle: Jochen Thorns)***

Bild 71: ***Sichern durch Anschlagen des Leiterfußes***

Bild 72: ***Sichern der Leiter am Leiterkopf an einem Fenster (Quelle: Jochen Thorns)***

9.3 Befestigen einer Umlenkrolle an einer Leiter

Umlenkrollen dürfen nicht direkt an Sprossen eingehängt werden. Eine einfache und schnelle Methode ist das Anschlagen einer Endlosschlinge oder eines Halteseils durch Umschlingen der Holme und Führen über eine Sprosse (▶ Bild 73). Die Umlenkrolle kann so sicher eingehängt und ausgerichtet werden. Auf eine möglichst gleichmäßige Lastverteilung ist zu achten. Anstelle einer Endlosschlinge oder eines Anschlagseils kann auch ein Wickelbund mittels Feuerwehrleine vorgenommen werden (▶ Bild 74).

Bild 73: ***Anschlagpunkt für eine Umkehrrolle mittels einer Endlosschlinge***

Bild 74: ***Wenn keine Endlosschlinge verfügbar ist, kann auch ein Wickelbund mit einer Feuerwehrleine verwendet werden. Beachte: Wenn ein Schäkel als provisorische »Umlenkrolle« verwendet wird, muss die Verschlussseite oben sein, um ein Öffnen durch die Seilreibung zu verhindern.***

9.4 Sichern einer Person auf der Krankentrage mittels Leinen

Die Feuerwehrleine wird an einem Standbügel am Fußende der Krankentrage durch einen Mastwurf angeschlagen, anschließend wird die Person auf die Trage gelegt. Die Füße der Person sind durch Achterschlag mit der Leine zu sichern. Am gegenüberliegenden Standbügel wird die Feuerwehrleine nochmals angeschlagen (▶ Bild 75).

Tipp:

Das zweite Ende der Feuerwehrleine ausreichend lang lassen, um den zweiten Mastwurf mit dem kürzeren Leinenende einfacher anlegen zu können.

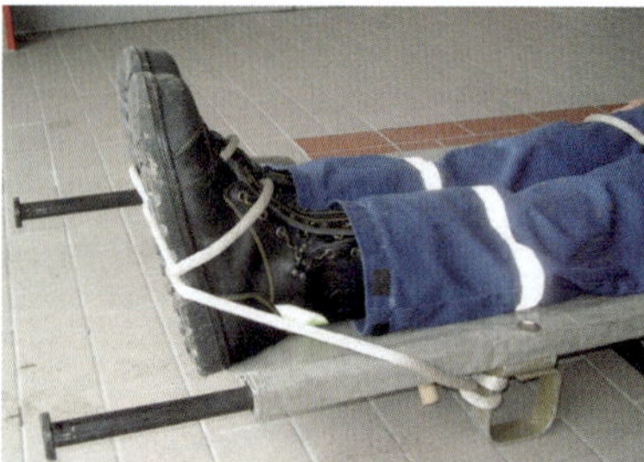

Bild 75: ***Die Füße werden durch Umschlingen gesichert. Ablaufende Seilenden sollten oben liegen.***

Zwei Helfer halten die Krankentrage in Transportstellung. Vom Fußende beginnend wird die Person auf der Krankentrage mit Halbschlägen gesichert. Dabei ist darauf zu achten, dass die Feuerwehrleine nicht über Gelenke verläuft und die Hände

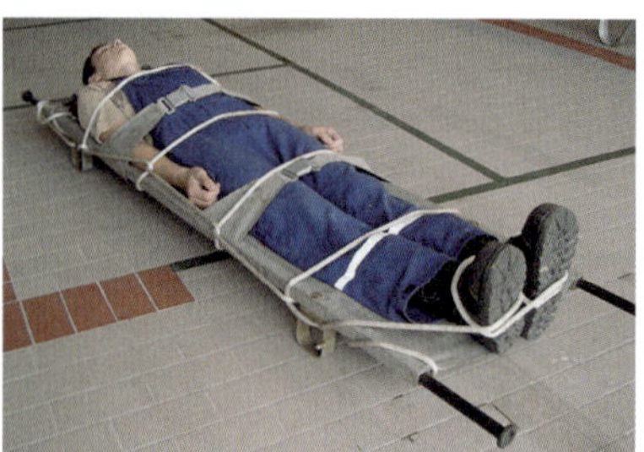

Bild 76: ***Die Leinenenden werden an den Füßen der Trage gesichert. Die Leine darf nicht über Gelenke geführt werden.***

ausreichend gesichert werden. Im Brustbereich wird die Feuerwehrleine nochmals an einem Standfuß angeschlagen und durch Mastwurf am Tragegriff gesichert (▶ Bild 76). Das abführende Ende kann nun als Führungsleine verwendet werden oder es wird der Person unter den Kopf in die Kissenaufnahme der Krankentrage gesteckt.

9.5 Sichern und Befestigen einer Krankentrage mittels Leinen

Zum Ablassen, Aufziehen oder Fixieren einer Krankentrage an einer Leiter müssen an diese Feuerwehrleinen angeschlagen werden. Niemals darf die Trage nur an den Tragegriffen angeschlagen werden, da diese nur gesteckt sind und daher die Gefahr des Ausgleitens sehr groß ist. Die Feuerwehrleinen müssen immer an den Standfüßen und den Griffen angeschlagen werden (▶ Bild 77).

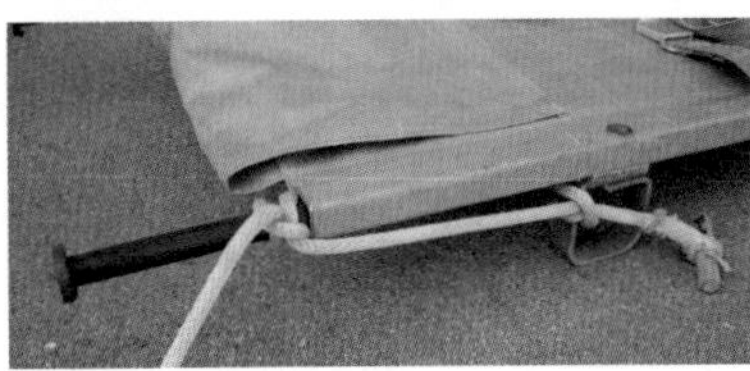

Bild 77: ***Befestigen einer Halte- oder Führungsleine an einer Krankentrage***

10 Spezieller Einsatz von tragbaren Leitern

10.1 Leitern als schiefe Ebene

Diese Methode kann eingesetzt werden, wenn liegende Personen nicht über die Treppe transportiert werden können und ein Hubrettungsfahrzeug mit Krankentragenlagerung nicht verfügbar ist oder nicht eingesetzt werden kann (z. B. in einer Halle). Es eignen sich sowohl Steck-, Schieb- als auch Multifunktionsleitern.

Die Leiter wird an der Fensterbrüstung oder an einem Geländer angelegt und mit einer Leine gesichert. Der Leiterkopf darf dabei nicht zu weit in das Gebäude hineinragen. Die zu rettende Person wird in einer Schleifkorbtrage fixiert. Zum sicheren und kontrollierten Ablassen der Schleifkorbtrage auf der Leiter eignen sich der Gerätesatz Absturzsicherung oder alternativ zwei Feuerwehrleinen mit Karabiner. Die beiden Seilenden der Absturzsicherung werden mit Karabiner an zwei Bandschlingen (nie an nur einer Bandschlinge!) am Kopfende der Schleifkorbtrage fixiert. Mit der HMS-Bremse wird die Schleifkorbtrage über die Leiter (wie auf »Schienen«) kontrolliert abgelassen. Am Fußende der Schleifkorbtrage wird links und rechts jeweils eine Feuerwehrleine als Führungsleine angebracht, die von Feuerwehrangehörigen geführt wird und dafür sorgt, dass die Schleifkorbtrage mittig auf der Leiter gleitet. Zusätzlich sichert ein Feuerwehrangehöriger den Leiterfuß gegen Wegrutschen.

10.2 Leiterhebel

Der Leiterhebel kommt zum Einsatz, wenn liegende Personen aus dem ersten oder zweiten Obergeschoss nicht über die Treppe transportiert werden können und ein Hubrettungsfahrzeug mit Krankentragenlagerung nicht verfügbar ist oder nicht eingesetzt werden kann. Zweckmäßigerweise wird der Leiterhebel mit der Steckleiter oder der Multifunktionsleiter aufgebaut.

Personal:

- mindestens eine Staffel, besser eine Gruppe

Benötigtes Gerät:

- Multifunktionsleiter oder Steckleiter
- fünf Feuerwehrleinen
- Krankentrage oder Schleifkorbtrage

Vorgehen:

- Person in Krankentrage einbinden (▶ Kapitel 9.4).
- Feuerwehrleinen jeweils links und rechts am Leiterkopf befestigen (= Führungsleinen zur seitlichen Sicherung der Leiter).
- Leiter senkrecht an das Haus anstellen.
- Krankentrage auf Fensterbrüstung stellen (Kopf der Person zur Leiter, ▶ Bild 78).
- Krankentrage an den Holmen der Leiter befestigen.

- Je eine Feuerwehrleine an den Griffen und Standfüßen der Krankentrage befestigen (= Halteleinen zum Ablassen aus dem Fenster, ▶ Bild 79).

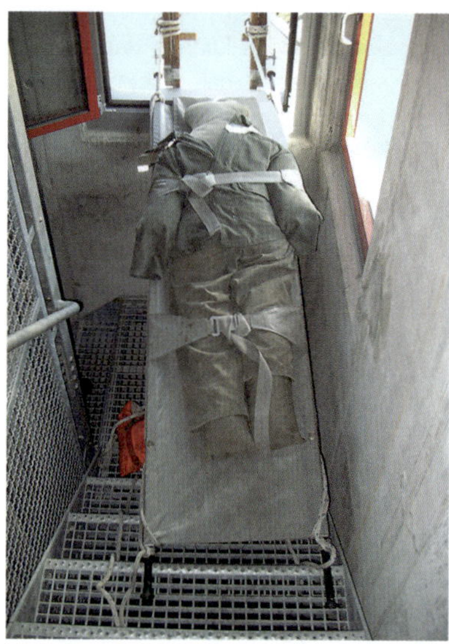

Bild 78: ***Fenster und Krankentrage***

Bild 79: ***Gesamtansicht eines einsatzbereiten Leiterhebels***

Hinweise:

- Bei Übungen sollte die Person durch einen Dummy oder durch Gewichte simuliert werden.
- Es muss genügend Platz zum Schwenken der Leiter vorhanden sein (bereits beim Aufstellen der Leiter prüfen!).
- Feuerwehrleinen niemals nur an den Griffen der Krankentrage befestigen (diese sind nur gesteckt), sondern immer durch die Kufen anschlagen.
- Leiterfuß ausreichend sichern.

10.3 Leiterkran

Mit einem Leiterkran können Personen oder Geräte an schwer zugänglichen Stellen (z. B. Baugruben, Kaimauern oder Felssteilwänden) abgelassen oder hochgezogen werden.

Personal:

- mindestens eine Gruppe

Benötigtes Gerät:

- Schiebleiter, Multifunktionsleiter oder Steckleiter
- fünf Feuerwehrleinen
- Abseilgerät oder Umlenkrolle mit Endlosschlinge
- Krankentrage oder Schleifkorbtrage

Vorgehen:

- Leiter mit Fußende am geplanten Ort ablegen.
- Jeweils zwei Feuerwehrleinen links und rechts am Leiterkopf befestigen (▶ Kapitel 9.1) und an den geplanten Festpunkten der Gegenzüge fixieren.
- Leiterfuß gegen Wegrutschen sichern (▶ Kapitel 9.2).
- Mittels Endlosschlinge oder Leinenbund über Holme einen Festpunkt am Leiterkopf für die Umlenkrolle herstellen (▶ Kapitel 9.3).
- Jeweils eine Feuerwehrleine als Führungsleine an den Holmen und Kufen der Krankentrage (▶ Kapitel 9.5) bzw. an der Schleifkorbtrage befestigen.

- Zugseil in Umlenkrolle einlegen und an Last anschlagen (▶ Bild 80).

Bild 80: ***Gesamtansicht eines einsatzbereiten Leiterkrans***

Hinweise:

- Bei Übungen sollte die Person durch einen Dummy oder durch Gewichte simuliert werden.
- Es muss genügend Platz zum Schwenken der Leiter vorhanden sein (bereits beim Aufstellen der Leiter prüfen!).
- Feuerwehrleinen niemals nur an den Griffen der Krankentrage befestigen (diese sind nur gesteckt), sondern immer durch die Kufen anschlagen.
- Leiterfuß ausreichend sichern (▶ Bild 81).
- Genügend stabile Befestigungspunkte für die Gegenzugseile festlegen.
- Zur Sicherheit immer doppelte Gegenzugseile auf jeder Seite.

Bild 81: ***Die Sicherung des Leiterfußes kann z. B. durch ein Loch im Boden oder Schaffen eines Wiederlagers durch Querbalken erfolgen.***

10.4 Leiterlift

Der Leiterlift funktioniert ähnlich wie der Leiterkran, nur dass der Leiterlift an einer Wand angelehnt wird und damit keine Führungs- und Halteleinen benötigt werden (▶ Bild 82). Die Sicherung des Leiterfußes ist dabei auch einfacher. Das Vor-

Bild 82: ***Gesamtansicht eines Leiterlifts zum Ablassen einer sitzenden Person mittels Abseilgerät. Der Leiterfuß muss dabei ausreichend gesichert sein, wenn die Leiter am Leiterkopf nicht gesichert werden kann.***

gehen entspricht der Schilderung in ▶ Kapitel 10.3 »Leiterkran«.

10.5 Leiterbrücke

Zur Überwindung von Gräben, Bächen oder Trümmerstrecken ist es manchmal notwendig, eine behelfsmäßige Brücke zu bauen. Dazu eignen sich verschiedene Feuerwehrleitern mit Zubehör. Entsprechend der Situation kann eine Leiter nur über den Bach gelegt werden, um darüber kriechend das andere Ufer zu erreichen (▶ Bild 83). Es kann aber auch erforderlich sein, lange Leitern durch Stangen oder weitere Leitern zu unterbauen und mit Bohlen zu belegen, um sie als begehbare Brücken einsetzen zu können. In diesem Fall sollten Halteleinen zum Festhalten gespannt werden. Wenn Bäume oder andere Festpunkte vorhanden sind, ist es auch möglich, die Leitern durch Leinen zu verspannen, um die Stabilität zu erhöhen.

Bild 83: ***Eine Multifunktionsleiter als Brücke mit Aufsteckleiter als Stütze unterbaut. Ein Überqueren des Baches ist nur kriechend über die Holme möglich. Beachte: Die Leiter sollte mittig abgestützt und durch Leinen gesichert sein.***

Hinweis:

Für eine Leiterbrücke sollten keine privaten Leitern verwendet werden, da deren Holme oft nicht ausreichend stabil sind.

10.6 Notbehältergerüst

Wenn ein Auffangbehälter nicht schnell genug verfügbar ist oder die vorhandene Kapazität nicht ausreicht, kann durch Leitern und eine eingelegte Plane schnell ein behelfsmäßiges Auffangbecken geschaffen werden. Planen sollten daher in jedem Feuerwehrfahrzeug mitgeführt werden, da sie für unterschiedlichste Zwecke eingesetzt werden können.

Personal:

- mindestens zwei Personen

Benötigtes Gerät:

- zwei Multifunktionsleitern oder vier Steckleiterteile
- eventuell zwei Feuerwehrleinen oder vier Bindestricke
- Plane in entsprechender Größe

Vorgehen:

- Steckleiterteile bzw. Multifunktionsleitern im Quadrat auf den Boden legen und durch Leinen oder Stricke verbinden (nur bei Steckleiterteilen, ▶ Bild 84).

- Plane einlegen und ausrichten (▶ Bild 85).

Hinweise:

- Bei Verwendung von Multifunktionsleitern kann auf die Leinen verzichtet werden, da die Leitern über die Haken gesichert werden (▶ Bild 86).
- Auf geeigneten Untergrund achten.

Bild 84: ***Behelfsmäßiger Behälterbau mit einer Steckleiter. Die Steckleiterteile werden durch Leinen an den Holmen gegen Auseinandergleiten gesichert.***

Bild 85: ***Einlegen der Plane***

Bild 86: ***Bei Verwendung von zwei Multifunktionsleitern besteht der Trick darin, dass diese im spitzen Winkel zueinander eingeführt werden. (Quelle: Günzburger Steigtechnik)***

Bild 87: ***Darstellung der Anordnung im betriebsbereiten Zustand und vorbereiteter Einlegefolie***

10.7 Behelfsmäßige Schlauchüberführung

Bei einer Wasserversorgung über lange Wegstrecken kommt es vor, dass eine Straße oder ein Hindernis überquert werden muss und dies nicht mit Schlauchbrücken erfolgen soll oder kann. Wenn Schlauchüberführungen nicht oder nicht in ausreichender Zahl zur Verfügung stehen, kann dies auch durch die Verwendung von Leitern erfolgen. Eine einfache Schlauch-

Bild 88: ***Schlauchüberführung über einen Zaun oder eine Mauer***

überführung über Zäune oder Mauern ist durch eine Bockleiter mittels Steckleiter oder einer Multifunktionsleiter realisierbar (▶ Bild 88).

Schlauchüberführungen über Straßen können durch zwei Bockleitern (Steckleiter oder Multifunktionsleiter) auf jeder Straßenseite und einer aufgelegten Leiter, gesichert durch Leinen, oder durch je zwei Steckleiterteile oder Multifunktionsleitern stehend und einem Einreißhaken, verspannt durch Leinen, erfolgen (▶ Bild 89).

Bild 89: ***Schlauchüberführung mittels Steckleiterteilen, verspannt mit Leinen***

Personal:

- eine Gruppe

Benötigtes Gerät:

- Multifunktionsleiter oder Steckleiter
- vier Feuerwehrleinen oder vier Arbeitsleinen
- eventuell Bindestricke
- großer Einreißhaken

Vorgehen:

- Steckleitern paarweise links und rechts der Straße auf den Boden legen.
- Einreißhaken am Kopfende mit Leinen oder Bindestricken einbinden.
- Schlauch am Einreißhaken anlegen und mittels Leinen oder Bindestricken einbinden.
- Je zwei Halteleinen an den Leiterköpfen mittels Mastwurf befestigen.
- Leitern zusammen aufrichten und mittels Leinen verspannen.

Hinweise:

- Festpunkte für die Halteleinen können z. B. Pflöcke, Zaunpfähle oder notfalls auch Fahrzeuge sein.
- Schlauchüberführungen müssen immer ausreichend gesichert und beaufsichtigt werden. Bei Dunkelheit sind sie zu beleuchten, um den Verkehr zu warnen.

10.8 Befestigen einer Ebene an Uferböschungen mit Leitern

Unfälle an Böschungen stellen für Einsatzkräfte eine erhebliche Gefahr dar. Zum sicheren Begehen von Böschungen können diese mittels Leitern befestigt werden. Die Leitern sollten dabei keinen Stufensprung aufweisen (wenn sich dieser nicht vermeiden lässt, sollte er beim Abwärtsgehen »spürbar« sein). Es eignen sich Steck- oder Multifunktionsleitern. Steckleitern müssen untereinander durch Feuerwehrleinen gesichert werden (▶ Bild 90). Leitern können durch Leinen oder durch Pflöcke (z. B. Brechstange) gesichert werden.

Bild 90: ***Die Steckleiterteile müssen untereinander gegen Auseinandergleiten durch Leinen gesichert werden.***

10.9 Retten aus Schächten und Behältern mittels Leiterbock

Um Personen oder schwere Gegenstände (z. B. große Tauchpumpen) aus einem Schacht ziehen oder ablassen zu können, benötigt man häufig einen Dreibock oder einen Kran. Wenn diese Hilfsmittel nicht zur Verfügung stehen, kann man sich auch durch einen Leiterbock behelfen (▶ Bild 91).

Bild 91: ***Leiterbock aus Multifunktionsleiter und Verbindungsteil. Hinweis: Zusätzlich zum Querbalken sollten Spannseile links und rechts am Verbindungsteil angebracht werden.***

Personal:

- mindestens eine Staffel, besser eine Gruppe

Benötigtes Gerät:

- Multifunktionsleiter oder Steckleiter
- vier Feuerwehrleinen
- Abseilgerät oder Umlenkrolle mit Endlosschlinge
- Fußschlinge

Vorgehen:

- Vierteilige Steckleiter mit dem Fußende am Schacht oder an der Einstiegsöffnung ablegen und Bockleiter erstellen.
- Jeweils zwei Feuerwehrleinen am Leiterkopf befestigen und an geeigneten Festpunkten fixieren (wenn nicht möglich, durch Haltemannschaft sichern).
- Leiterfüße gegen Wegrutschen sichern.
- Mittels Endlosschlinge oder Leinenbund über Holme einen Festpunkt am Bockleiterkopf für die Umlenkrolle herstellen (▶ Kapitel 9.3).
- Zugseil in Umlenkrolle einlegen und entsprechend an der Last anschlagen. (Hinweis: Wenn eine Person schnell aus dem Schacht gerettet werden muss, diese durch Fußschlaufe oder durch Anschlagen einer Feuerwehrleine mit Mastwurf um beide Füße mit den Füßen voraus aus dem Schacht ziehen.)

Hinweis:

Bei Übungen sollte die Person durch einen Dummy oder durch Gewichte simuliert werden.

In der FwDV 10 ist das Vorgehen zum Absenken einer Steckleiter in einen Schacht oder in eine Baugrube beschrieben. Die Steckleiter wird wie beim Aufstellen an die Anleiterstelle gebracht und die Leiterpaare werden dort auseinandergenommen. Der Trupp greift ein Leiterteil jeweils links und rechts an den Sprossen und lässt es bis zur drittletzten Sprosse in die Tiefe. Dabei hält der Trupp das Steckleiterteil an der Sprosse mit jeweils einer Hand fest. Ein weiteres Steckleiterteil wird vom dritten Feuerwehrangehörigen oder einem zweiten Trupp von oben aufgesteckt und durch den ersten Trupp durch Betätigen der Sicherungsbolzen arretiert. Die verlängerte Leiter wird dann weiter abgelassen und durch ein weiteres Steckteil verlängert, wie mit den ersten beiden Leiterteilen beschrieben. Der Vorgang wird so lange wiederholt, bis die Leiter auf dem Boden steht.

Achtung:

Auch hier dürfen nicht mehr als vier (4) Steckleiterteile verwendet werden.

Die Leiter wird dann durch seitliche Bewegung des Leiterkopfes ausgerichtet und in eine geeignete Schräge zum Besteigen gebracht. Wenn eine Absturzgefahr für die absteigende Person besteht, muss diese durch eine geeignete Absturzsicherung gesichert werden.

10.10 Leiterngerüst

Rettungsgerüste ermöglichen Rettungsarbeiten in Höhen von einem bis 1,5 Meter. Es können sich aber Situationen ergeben (z. B. bei der Rettung von Personen aus Doppelstockbussen), in denen diese nicht ausreichen. Zu diesem Zweck können aus parallel angestellten Leitern mit Plattformen so genannte Leitern- oder Blitzgerüste erstellt werden (▶ Bilder 92 und 93). Diese eignen sich auch als Arbeitsgerüste auf Dächern.

Bild 92: ***Benötigte Teile aus dem Rettungsgerüstsatz zum Erstellen eines Leitern- oder Blitzgerüstes***

Bild 93: ***Blitzgerüst mit Multifunktionsleiter und Rettungsgerüstteilen. Beachte: Die Sicherung sollte durch Leinen oder Spanngurte erfolgen.***

10.11 Sichern von verunfallten Fahrzeugen

Wenn sich Fahrzeuge nach einem Unfall in einer instabilen Lage befinden, müssen diese zur Rettung der Insassen in der Regel gesichert oder stabilisiert werden. Wenn keine geeigneten Sicherungssysteme verfügbar sind, kann dies auch durch Leitern erfolgen.

10.11 Sichern von verunfallten Fahrzeugen

Personal:

- mindestens zwei Personen

Benötigtes Gerät:

- Aufsteckteil der Multifunktionsleiter oder Steckleiter
- Ratschengurte
- eventuell zwei Feuerwehrleinen oder vier Bindestricke

Vorgehen:

- Leitern im Radhaus oder im Bereich der Radführungen »einstecken«.
- Am Fußende der Leiter Ratschengurt oder Feuerwehrleinen/Bindestricke mit stabilen Punkten am Fahrzeug verbinden.

Hinweise:

- Auf entsprechenden Halt achten.
- Die geometrische Anordnung der Leiter, des Zugseils und des Fahrzeugs sollte ein möglichst stabiles Dreieck ergeben.

Bild 94: ***Sicherung eines verunfallten Fahrzeugs durch Leitern und Leinen***

10.12 Aufrichten oder Umlegen von verunfallten Fahrzeugen

Einige Feuerwehren verwenden tragbare Leitern als Hebel zum Aufrichten oder Umlegen von verunfallten Fahrzeugen. Aus Sicht des Verfassers wird davon dringend abgeraten, da es zu Beschädigungen (speziell der Holme) der verwendeten Leitern kommen kann, die bei anschließendem sachgerechten Gebrauch zu einem Versagen führen können.

Trotzdem ist nicht auszuschließen, dass eine schnelle Rettung von Personen aus einem Unfallfahrzeug die Verwendung von Leitern der Feuerwehr in diesem Sinne rechtfertigt. Aus diesem Grund wurde von der Kommunalen Unfallversicherung Bayern (KUVB) ein Gutachten zur Prüfung in Auftrag gegeben und daraufhin folgende Empfehlung (mit Schreiben vom 11. November 2015) herausgegeben:

... »Das Aufrichten bzw. Umlegen von Fahrzeugen (bis max. 1 900 kg) mit tragbaren Leitern darf nur in absoluten Ausnahmefällen bei einer Sofort-Rettung von Personen aus Lebensgefahr und mit mindestens zwei parallel angeordneten Steckleitern (je zwei Teile) erfolgen. Im Hinblick auf die Sicherheit der Feuerwehrangehörigen und mögliche Haftungsfolgen für Verantwortliche, sind dabei verwendete Leiterteile nach diesem nicht bestimmungsgemäßen Gebrauch auszusondern.«

Es wird darauf hingewiesen, dass Steckleiterteile, die ausschließlich zur Übung eines derartigen Rettungsverfahrens verwendet werden, auffällig zu kennzeichnen sind, damit eine versehentliche Verwendung für andere Zwecke (z. B. als Aufstiegshilfe oder im Einsatz) sicher ausgeschlossen werden kann.

Darüber hinaus sind die Hinweise der DGUV Information 205-010 »Sicherheit im Feuerwehrdienst« (früher GUV-I 8651) in Kapitel C8 »Sichere Lastbewegung mit dem Hebel« zu beachten.

10.13 Behelfsmäßiger Verletztentransport mit Leitern

Speziell Steckleitern lassen sich behelfsmäßig zum Tragen von liegenden Personen verwenden, wenn keine Krankentragen in ausreichender Zahl zur Verfügung stehen und Gefahr im Verzug ist.

Personal:

- mindestens zwei Personen

Benötigtes Gerät:

- ein Steckleiterteil
- eine Krankenhausdecke
- eventuell eine Feuerwehrleine

Vorgehen:

- Leiterteil neben dem Verletzten ablegen.
- Krankenhausdecke entsprechend falten und auf die Leiter legen.
- Verletzten auf die Leiter mit der Decke legen. Darauf achten, dass der Kopf ausreichend fixiert ist. Eventuell mit Feuerwehrleine sichern.

10.14 Rettungsplattform mit Leitern

Nicht jede Feuerwehr hat sofort ein Rettungsgerüst verfügbar. Das Arbeiten an verunfallten Zügen oder Lkws erfordert aber eine erhöhte und sichere Standposition. Diese kann behelfsmäßig auch mit Leiterngerüsten erstellt werden. Der Aufbau einer Rettungsplattform mittels Multifunktionsleitern sollte entsprechend der Aufbauanleitung des jeweiligen Herstellers erfolgen (▶ Bild 95). Der Aufbau einer behelfsmäßigen Arbeitsebene mittels Steckleiter (▶ Bild 96) wird nachfolgend beschrieben. Dieser ist auch die Grundlage für den Bau eines Notstegs (▶ Kapitel 10.15).

Personal:

- mindestens zwei Trupps, besser eine Staffel

Benötigtes Gerät:

- Steckleiter
- vier Feuerwehrleinen
- mehrere Bindestricke
- Brechstange und/oder Unterflurhydrantenschlüssel
- Bohlen und Bretter

Vorgehen:

- Zunächst zwei Bockleitern erstellen.
- Jeweils zwei Feuerwehrleinen am Leiterkopf befestigen und an geeigneten Festpunkten fixieren (wenn nicht möglich, durch Haltemannschaft sichern).
- Leiterfüße gegen Auseinandergleiten sichern.
- In jeden Leiterbock eine Bohle, Brechstange oder Unterflurhydrantenschlüssel einlegen und durch Bindestricke sichern.

- Durch Einlegen einer Bau-Schaltafel, Bohlen oder notfalls einer Lkw-Bordwand zwischen den Leiterböcken entsteht eine behelfsmäßige Standfläche.
- Durch Befestigen einer Leine zwischen den Leiterköpfen kann eine Halteleine geschaffen werden, die aber keine Absturzsicherung darstellt.

Bild 95: ***Eine stabile und große Arbeitsplattform kann mit zwei Multifunktionsleitern und einem Rettungsplattformsatz erstellt werden.***

Bild 96: ***Mit zwei als Bockleitern verbundenen Steckleitern und einer Bau-Schaltafel oder einer Lkw-Bordwand lässt sich eine behelfsmäßige Arbeitsebene erstellen. Auf einen ausreichenden Schutz gegen Absturz ist zu achten.***

10.15 Notstegebau

Das Technische Hilfswerk (THW) hält Gerüstbausätze bereit, die für den Notstegebau verwendet werden können. Tragbare Leitern der Feuerwehr sollten nur im äußersten Notfall dafür eingesetzt werden, da sie dann meist über einen längeren Zeitraum gebunden sind. Trotzdem soll diese Möglichkeit erwähnt werden, da sie eine interessante Übungsvariante mit tragbaren Leitern und deren Zubehör darstellt. Der Aufbau erfolgt dabei wie beim Bau der Rettungsplattform, allerdings werden mehrere Leitern und Plattformen aneinander gereiht und miteinander verbunden.

10.16 Leitereinsatz auf Dächern

Bis zur Einführung der Multifunktionsleiter hatten die Feuerwehren in Deutschland keine geeigneten Dachleitern. Durch die zunehmende Notwendigkeit der Öffnung der Dachhaut oder für die Bekämpfung von Schornsteinbränden benötigt die Feuerwehr Aufstiegshilfen und/oder Arbeitsflächen auf Dächern. Wenn Dachhaken vorhanden sind, lassen sich behelfsmäßig auch Steckleitern einsetzen. Dabei ist unbedingt darauf zu achten, dass die Leiterteile untereinander mittels Feuerwehrleine gesichert sind, da sie auf Zug belastet werden. Die Steckbolzen könnten sich unbeabsichtigt öffnen und die Leiterteile auseinander gleiten. Durch die nicht parallele Führung der Holme ist die Auflage auf Dachplatten nicht immer sichergestellt und die Leitern können verrutschen.

Wenn Leitern an Vorsprüngen, Dachfirsten oder Querbalken eingehängt werden müssen, empfiehlt es sich, eine Multifunktionsleiter zu verwenden (Bilder 97 bis 99). Diese ist gegenüber reinen Dachleitern auch stabil genug, um als Brücke zu fungieren, sollte das Dach einbrechen.

Hinweis:

Dachleitern sind als Zugangsleitern nur für den aufgelegten Betrieb ausgelegt und dürfen – genauso wie Hakenleitern – nicht als Anstellleitern verwendet werden.

10.16 Leitereinsatz auf Dächern

Wie unter ▶ Kapitel 4.2.1 dargestellt, kann aus einer Steckleiter mit dem Zubehör »Steckleiter-Dachhaken« auch eine Dachleiter erstellt werden. Es wird aber nochmals drauf hingewiesen, dass diese Version deutlich schwerer und unhandlicher ist und die Holme der Leiterteile auch nicht flächig auf den Dachplatten aufliegen können.

Bild 97: ***Die Multifunktionsleiter liegt flächig auf einem Industrieblechdach auf und ist am Dachvorsprung mit den Haken eingehängt. Beachte: Die Verriegelungsbolzen stehen nach oben.***

Bild 98: ***Die Multifunktionsleiter eignet sich insbesondere zur Rettung aus Dachflächenfenstern.***

Bild 99: ***Die Multifunktionsleiter kann auch als Giebelleiter über Dachgiebel verwendet werden. Das Aufsteckteil wird dabei als Riegel genutzt, die Sicherung erfolgt mittels Mastwurf. (Quelle: Jochen Thorns)***

10.17 Leitereinsatz auf Treppen

Um Leitern auf Treppenabsätzen im Gebäude oder auf Zugangstreppen am Gebäude einsetzen zu können, müssen sie unterbaut und gesondert gesichert werden. Für die Multifunktionsleiter sind Holmverlängerungen erhältlich, mit denen das unterschiedliche Höhenniveau auf einer Treppe ausgeglichen werden kann (▶ Bild 13).

10.18 Tragbare Leitern in Verbindung mit Hubrettungsfahrzeugen

Sicher wird niemand auf die Idee kommen, eine dreiteilige Schiebleiter oder eine vierteilige Steckleiter im Rettungskorb einer voll ausgefahrenen Drehleiter einsetzen zu wollen, um die Rettungshöhe zu vergrößern. Davon ist auch dringend abzuraten. Es können sich aber Situationen ergeben, bei denen es darum geht, z. B. den Überstieg über eine Brüstung zu verbessern oder an eine zurückgesetzte Dachgaube zu gelangen. Mögliche Leitern könnten sein: Steckleiter, Hakenleiter, Klappleiter oder Multifunktionsleiter.

Grundsätzlich ist es zu bevorzugen, die tragbare Leiter unabhängig vom Hubrettungsgerät einzusetzen. Das heißt, einer eingehängten Leiter (Hakenleiter oder Multifunktionsleiter) ist einer Standleiter (Steck- oder Klappleiter) unbedingt der Vorzug zu geben, denn Hubrettungsgeräte sind im Freistand keine sichere Standfläche für tragbare Leitern. Das

Mehrgewicht durch die tragbare Leiter bei Verwendung im Rettungskorb ist ebenfalls zu beachten.

Denkbar wäre aber z. B. eine eingehängte Leiter im Korb, um den Unterflurbereich der Drehleiter zu vergrößern und somit den Zugang in die Tiefe z. B. auf ein Boot oder eine Insel zu ermöglichen.

Bild 100: ***Einsatz einer Multifunktionsleiter in einem Korb einer Drehleiter, um die Reichweite z. B. unter einem Dachrücksprung oder im Unterflurbereich zu erweitern. Dabei sollte die tragbare Leiter durch Einhängen gesichert werden, um den Korb zu entlasten und Schwankungen des Leiterparks auszugleichen.***

10.19 Dekontaminationsplatz

In den vergangenen Jahren sind immer wieder verschiedene Seuchen (z. B. Vogelgrippe) ausgebrochen, die teilweise großflächige Desinfektions- bzw. Reinigungsmaßnahmen erforderlich gemacht haben. Nachfolgend wird kurz dargestellt, aus welchen Ausrüstungsgegenständen der Feuerwehr schnell und effektiv eine Dekontaminationsschleuse für Fahrzeuge errichtet werden kann (▶ Bild 101).

Bild 101: ***Aus tragbaren Leitern und Zubehör lassen sich schnell und einfach Schleusen zur Dekontamination und Reinigung von Fahrzeugen erstellen. (Quelle: Günzburger Steigtechnik)***

Personal:

- mindestens zwei Gruppen

Benötigtes Gerät:

- zwei Rettungs- oder Arbeitsgerüste
- Beleuchtungsausstattung
- Sandsäcke
- Schlauchbrücken
- Reinigungsgeräte (z. B. D- oder C-Druckschläuche und Strahlrohre, Dampfstrahler, Hochdruck-Sprühgeräte)
- Folie
- entsprechende Schutzkleidung
- Atemschutz
- Wasserversorgung
- Aufnahmemöglichkeit für Flüssigkeiten (z. B. Saugfahrzeug, Wassersauger, Gefahrgutpumpe, Auffangbecken bzw. -behälter)

11 Hinweis auf Prüfungen und Prüfverfahren der Leitern

11.1 Prüfung nach jedem Gebrauch

Grundsätzlich muss die Leiter nach jedem Gebrauch einer Sichtprüfung unterzogen werden. Dabei ist auf folgende Punkte zu achten:

- Nach dem Gebrauch dürfen keine Schäden oder bleibende Formänderungen feststellbar sein.
- Die Leiterholme und Sprossen dürfen keine Risse, Absplitterungen, starke Verformungen bzw. Abnutzungen aufweisen.
- Verbindung zwischen Holm und Sprossen auf Festigkeit kontrollieren.
- Alle Schraub- und Nietverbindungen auf Festigkeit kontrollieren.
- Schweißnähte auf Risse oder auffällige Mängel kontrollieren.
- Korrosion an tragenden Bauteilen kontrollieren bzw. entfernen.
- Fluchthaltigkeit der Leiter auf Verwindungen und Verbiegungen kontrollieren.
- Sprossenbeläge auf Beschädigungen kontrollieren.
- Leiterfüße auf starke Abnutzung oder andere Mängel kontrollieren.
- Typen- und Hinweisschilder auf Lesbarkeit prüfen.

Bild 102: ***Diese Leiter ist zwar keine Feuerwehrleiter, aber dennoch findet man oftmals in Feuerwehrhäusern derartige Ausführungen. Sie ist ein interessantes Exemplar für eine Leiter, die schon viele Mängel aufweist, wie z. B. Rost, verbogene Sprossen, abgenutzte Leiterfüße. Von einem Gebrauch ist dringend abzuraten!***

Zusätzlich bei Schiebleitern:

- Auslösungen der Leitern auf Funktion, Beschädigungen und festen Sitz kontrollieren.
- Seile auf Beschädigungen und richtige Befestigung bzw. Einstellung kontrollieren.
- Führungen und Beschläge auf Beschädigung kontrollieren.
- Die Seilbremse muss fest mit den Sprossen verbunden sein und einwandfrei funktionieren.
- Spiel zwischen Leiter und Führungen kontrollieren.

- Ausschubbegrenzungen auf Vorhandensein und festen Sitz kontrollieren.
- Die Stützstangen bzw. die rutschfesten Überzüge dürfen keine Schäden aufweisen.
- Wandrollen auf Beschädigungen bzw. Abnutzung kontrollieren.

Zusätzlich bei Steckleitern:

- Steckkästen und Federsperrbolzen auf festen Sitz kontrollieren.
- Federsperrbolzen auf ausreichenden Federdruck und Funktionsfähigkeit prüfen.

Zusätzlich bei Hakenleitern:

- Klappvorrichtung am Klapphaken muss leichtgängig und funktionsfähig sein.

11.2 Wiederkehrende Prüfung durch Sachverständigen

Leitern sollten nach folgendem Zeitplan einer Sicht- und Belastungsprüfung unterzogen werden:

- mindestens einmal jährlich,
- wenn die Leiter betriebsunfähig erscheint,
- wenn die Leiter anderweitig als dem normalen Verwendungszweck genutzt wurde,
- nach großer Wärmeeinwirkung,

- nach jeder Reparatur, außer es handelt sich um einen ausschließlichen Austausch der Seile oder des Drahtseils der Schiebleiter.

Leitern, die beschädigt sind oder Mängel aufweisen bzw. nicht mehr gebrauchssicher erscheinen, sind aus dem Einsatz- und Übungsdienst zu entfernen. Diese Leitern dürfen erst nach sachgerechter Instandsetzung, wenn die ursprüngliche Festigkeit wieder hergestellt und ein sicheres Begehen gewährleistet ist, wieder verwendet werden. Leitern, die nicht den Vorschriften entsprechen, müssen sicher aus dem Verkehr genommen werden. Die Prüfergebnisse müssen in ein Prüfblatt bzw. -buch eingetragen werden.

12 Alternative Leitertechnik

12.1 Eine mögliche Leitertechnik zur Diskussion

Aufgrund der Erfahrungen bei Feuerwehren im Ausland (siehe dazu Zusatzmaterial auf www.kohlhammer.de/978-3-17-044465-2) soll eine Variante von zwei aufeinander abgestimmten Leitern vorgestellt werden, die einen Großteil des Einsatzspektrums deutscher Feuerwehrleitern abdecken kann. Sie ist in Bezug auf Betriebssicherheit und Optimierung des Personalansatzes effektiver und bringt daher Vorteile in der Ausbildung und in der Anwendung.

Zunächst wird bei der Betrachtung auf die Betriebssicherheit des Prototyps eingegangen. Dafür soll folgendes Beispiel erwähnt werden. Multifunktionsleitern oder Schiebleitern bieten kaum Spielraum für unsachgemäße Verwendung. Die Steckleiter hingegen kann entgegen der FwDV 10 verwendet werden und bspw. auch mit fünf oder noch mehr Teilen verlängert werden.

Dies wurde z. B. bei einem Einsatz in Köln (Gebäudebrand 09.09.1987, Hohenzollernring bei einer dramatischen Rettungsaktion eines Mannes im Hinterhof aus dem fünften (5!) Obergeschoß praktiziert. Hier wurden acht (8!) Steckleiterteile (das übersteigt die Einsatzlänge einer dreiteiligen Schiebleiter, die in diesem Fall nicht gestellt werden konnte) mit Leinensicherung erfolgreich eingesetzt. Auch dieser Leitertyp ist dann sehr labil bzw. schwingt beim Besteigen. Die Aktion war nur

Bild 103: ***Höhenvergleich einer vierteiligen Steckleiter und zwei Multifunktionsleitern mit Aufsteckteil und Holmverlängerungen.***

darstellbar, da die Leiter senkrecht an der Wand aufgestellt wurde, durch eine Leine von oben und durch einen Feuerwehrmann in einem mittleren Stockwerk aus dem Fenster zusätzlich stabilisiert wurde.

INFO

Info:

Der vollständige Artikel von Karlsch, D.: »Brandschutzprobleme bei Altbauten, dargestellt an einem Brandfall in Köln« erschien in BRANDSCHUTZ/Deutsche Feuerwehrzeitung 12/1987, S. 548 ff.

Ist es nun ein Vor- oder Nachteil, dass eine Leiter »missbräuchlich oder entgegen der FwDV« verwendet werden kann? Nur wenn alles gut geht, werden danach keine Fragen gestellt, aber wäre es nicht sinnvoller eine Technik anzuwenden, die gleich gar keine falsche Anwendung zulässt und trotzdem den Einsatzerfolg ermöglicht?

Alle diese Überlegungen führen zu einem Lösungsansatz von zwei Leitertypen und einem kompatiblen Aufsteckteil, die taktisch aufeinander abgestimmt sind und sich konstruktiv ergänzen.

Basisleiter 1 sollte eine zweiteilige Schiebleiter, ähnlich der Version in der Schweiz, die in der Länge als Transportmaß der 4-teiligen Steckleiter entspricht und im ausgezogenen Zustand nur geringfügig kürzer ist. Sie kann technisch für drei Personen (324 kg) ausgeführt werden, sollte aber mindestens, wie die Steckleiter, für zwei Personen zugelassen sein. Technisch lässt sich eine solche Leiter in Aluminium deutlich unter dem Gewicht einer 4-teiligen Steckleiter mit Einsteckteil darstellen. Durch das Aufsteckteil der Basisleiter 2 kann diese Schiebleiter um weitere 4 Sprossen verlängert werden und erreicht somit eine Einsatzlänge von ca. 9 200 mm und ist somit ähnlich der Multifunktionsleiter deutlich über der Länge einer 4-teiligen Steckleiter.

Aufgrund des geringeren Hebelarmes und tieferen Schwerpunkts ist diese Leiter auch ergonomischer aufzustellen und kann somit von zwei Personen transportiert und gestellt werden. Diese Schiebleiter sollte auch als teilbare Leiter ausgeführt werden, um das Einsatzspektrum (z. B. als parallel gestellte Einzelteile oder A-Bock-Leiter) zu erweitern. Ein einfacher Niveauausgleich in den Holmen in Kombination mit klappbaren Leiterschuhen am Leiterfuß der Unterleiter (▶ Bild 104) erhöht die Sicherheit im Gebrauch auf unebenen Untergründen.

Bild 104: ***klappbare Leiterschuhe***

Wenn an den Holmen der Unterleiter auf Greifhöhe noch farbig abgehobene Griffe montiert sind, erhöht das die Sicherheit beim Ausziehen und Ablassen der Oberleiter, da nicht mehr an die Holme gegriffen werden muss und so die Quetschgefahr erheblich reduziert wird. Zu prüfen wäre noch, ob die Verlegung des Auszugseiles an einen Holm erfolgen kann, um das Steigfeld der Leiter zu optimieren.

Bild 105: ***Prototyp einer Kombinationsleiter als Klapp- und Hakenleiter mit Aufsteckteil im Transportmaß dargestellt. Hinweis: dieser Prototyp ist als Ein-Personen-Leiter ausgeführt und hat schmalere Holme.***

Basisleiter 2 wäre als Ergänzung zur oben beschriebenen Schiebleiter in den Maßen angepasst, eine Kombination aus einer Klappleiter (2 × 7 Sprossen und damit um 28 cm kürzer als eine Multifunktionsleiter), die über einen (ähnlich dem deutschen klappbaren Haken) oder bevorzugt zwei (ähnlich den Pariser-Haken in klappbarer Version) Haken verfügt und dem nachfolgend beschriebenen Aufsteckteil. Diese Leiter muss als Zwei-Personen-Leiter (216 kg) ausgeführt sein, um als ausgeklappte Stehleiter und kleine A-Bockleiter einsetzbar zu bleiben. Als wenig eingesetzte Hakenleiter wäre sie zwar etwas schwerer als eine reine Hakenleiter, lässt sich aber unter 17 bis 18 kg darstellen und wäre damit von einer Person als Einhänge- und als Dachleiter einsetzbar.

Aufsteckteil (wie bei der Multifunktionsleiter) als Verlängerung, als Bockleiter und als selbstständige Anstellleiter. Diese sollte in der Holmbreite zur Oberleiter der Schiebleiter und der Kombileiter kompatibel sein. Das heißt, dass das lichte Maß der Oberleiter der Schiebleiter und der Kombileiter identisch sein muss. Somit könnte die Schiebleiter nochmals um ca. 1 m verlängert werden. Beide Leitern und das Aufsteckteil müssen selbstverständlich nach EN 1147 als Rettungsleitern zertifiziert und geprüft sein.

Daraus ergeben sich dann sehr vielseitige und aufeinander abgestimmte Einsatzanwendungen, wie bspw. die Kombination der gestellten Schiebleiter ergänzt durch die Hakenleiter zum Erreichen des dritten Obergeschosses. Somit könnte auf eine dreiteilige Schiebleiter verzichtet werden. Diese Vorgehensweise ist z. B. in Ländern wie Spanien, Portugal oder Frankreich üblich.

Bild 106: ***Die Kombileiter als Hakenleiter in Gebrauchsstellung. Das Aufsteckteil kann wahlweise oben aufgesteckt. werden.***

Die Kombileiter ist in ihrer Kompaktheit in Gebäuden gut einsetzbar und durch eine optionale Holmverlängerung kann sie auch auf Treppenabsätzen eingesetzt werden. Die deutlich größeren Haken (gegenüber der Multifunktionsleiter) erlauben auch den Einsatz auf Dachflächen.

In anderen Ländern sind Leitern aus glasfaserverstärktem Kunststoff oder kohlefaserverstärktem Kunststoff zulässig. Vor allem der kohleverstärkte Kunststoff sorgt für deutliche Gewichtseinsparungen und bietet weitere Vorteile wie z. B. Hitzebeständigkeit oder elektrische Isolation. Allerdings sind der Fertigungsaufwand und die Materialkosten um ein Vielfaches höher und eine Reparatur durch den Betreiber ist in der Regel nicht möglich, da z. B. die Einbindung der Sprossen in die Holme eine spezielle Fügetechnik erfordert.

Bild 107: ***Links:* *Kombileiter als Bockleiter mit Aufsteckteil; Rechts: Kombileiter als Anstellleiter mit Aufsteckteil***

Man beachte beim linken Bild das modifizierte selbstsichernde Gelenkteil im Verhältnis zur Multifunktionsleiter. Das rechte Bild zeigt den eingeklappten Haken. Zwei klappbare Haken an den Holmen wären zweckmäßiger und würden im eingehängten Zustand die Leiter besser fixieren.

12.2 Leitertechniken aus dem Ausland

Um den Rahmen des Werkes nicht zu sprengen, finden Sie im Downloadbereich (https://dl.kohlhammer.de/978-3-17-044465-2) speziell zum Buch »Tragbare Leitern« einen Überblick über die verschiedenen Leitern und Techniken, die im europäischen, asiatischen und amerikanischen Ausland regelhaft angewendet werden. Sie dienen in erster Linie zu einem Blick über den Tellerrand, können aber auch als Inspirationsquelle und Diskussionsgrundlage fungieren, um die Sicherheit und Effizienz unserer genormten Leitern zu verbessern oder zu erweitern.

Literaturhinweise

Betriebssicherheitsverordnung (BetrSVO).

DGUV Vorschrift 1 »Grundsätze der Prävention«.

DGUV Vorschrift 49 »Feuerwehren«.

DGUV Regel 105-049 »Feuerwehren – Regel zur Konkretisierung der DGUV Vorschrift 49«.

DGUV Grundsatz 305-002 »Prüfgrundsätze für Ausrüstung und Geräte der Feuerwehr«.

DGUV Information 205-010 »Sicherheit im Feuerwehrdienst – Arbeitshilfen für Sicherheit und Gesundheitsschutz«.

DGUV Information 208-016 »Die Verwendung von Leitern und Tritten«.

DIN EN 1147: Tragbare Leitern für die Verwendung bei der Feuerwehr, DIN Media GmbH, Berlin, 2010.

DIN EN 131: Leitern – Teil 1-7, DIN Media GmbH, Berlin, 2013.

DIN VDE 0132: »Brandbekämpfung und technische Hilfeleistung im Bereich elektrischer Anlagen«, VDE Verlag, Berlin, 2018.

International Fire Service Training Association (IFSTA): Essentials of Fire Fighting, 8th edition, 2024.

International Fire Service Training Association (IFSTA): Fire Service Ladder Practices, 7th edition, 1973.

Feuerwehr-Dienstvorschrift (FwDV) 10 »Die tragbaren Leitern«. Stand November 2019.

Informationsbroschüre für Multifunktionsleitern der Feuerwehr (Bezug bei Günzburger Steigtechnik GmbH).

Informationsbroschüre für tragbare Feuerwehrleitern nach EN 1147 (Bezug bei Günzburger Steigtechnik GmbH).

Kalrsch, D.: Brandschutzprobleme bei Altbauten, dargestellt an einem Brandfall in Köln, BRANDSCHUTZ/Deutsche Feuerwehr-Zeitung 12/1987, S. 548 ff.

Kemper, H.: Gerätekunde Rettungsgerät, 2. Auflage, Ecomed, Landsberg am Lech, 2006.

Kleine Fachbücherei der Feuerwehr: Die Leiterübungen – Übungsvorschrift der Feuerwehr, Verlag des Ministeriums des Innern, Berlin, 1961.

National Fire Equipment Society – Japanese Fire Equipment, online abrufbar unter: https://www.nfes.or.jp/en-fire-equipment/introduction/, zuletzt aufgerufen am: 24.02.2026.

Müller, H./Zawadke, T.: Multifunktionsleiter für die Feuerwehren nach DIN EN 1147, BRANDSCHUTZ/Deutsche Feuerwehr-Zeitung 7/2003, S. 523 ff.

Redaktion BRANDSCHUTZ/Deutsche Feuerwehr-Zeitung (Hrsg.): Das Feuerwehr-Lehrbuch. Grundlagen – Technik – Einsatz, 9., überarbeitete und erweiterte Auflage, Kohlhammer Verlag, Stuttgart, 2025.

Reglement d'instruction et de manoeuvre des sapeurs-pompiers communaux, France Selection, Paris, 1978.

Trepesch, D., von Kaufmann, F.: »Ländervergleich europäischer Feuerwehren in Hammelburg« in BRANDSCHUTZ/Deutsche Feuerwehr-Zeitung 7/2006, S. 455 ff.

Technisches Hilfswerk (Hrsg.): Fibel des Technischen Hilfswerks – Handbuch des Technischen Hilfswerks, Bonn-Bad Godesberg, 1977.

Zawadke, T.: Multifunktionsleiter und Steckleiter im Vergleich, BRANDSCHUTZ/Deutsche Feuerwehr-Zeitung 3/2008, S. 194 ff.

Zawadke, T.: Transport und Lagerung tragbarer Leitern und Rettungsplattformen auf Feuerwehrfahrzeugen, Das große Handbuch der Feuerwehr, Kapitel 7.6.4.2, Ecomed, 82. Erg.-Lfg. 09/16.